手把手教你看懂施工图丛书

# 20 小时内教你看懂
# 建筑结构施工图

张　克　主编

中国建筑工业出版社

**图书在版编目（CIP）数据**

20 小时内教你看懂建筑结构施工图/张克主编. —北
京：中国建筑工业出版社，2015.1
手把手教你看懂施工图丛书
ISBN 978-7-112-17681-6

Ⅰ.①2… Ⅱ.①张… Ⅲ.①建筑制图-识别
Ⅳ.①TU204

中国版本图书馆 CIP 数据核字（2015）第 015812 号


责任编辑：范业庶　王砾瑶
责任设计：董建平
责任校对：李美娜　张　颖

手把手教你看懂施工图丛书
20 小时内教你看懂建筑结构施工图
张　克　主编

＊

中国建筑工业出版社出版、发行（北京西郊百万庄）
各地新华书店、建筑书店经销
霸州市顺浩图文科技发展有限公司制版
北京君升印刷有限公司印刷

＊

开本：787×960 毫米　1/16　印张：6¼　字数：115 千字
2015 年 2 月第一版　　2017 年 8 月第二次印刷
定价：**20.00** 元
ISBN 978-7-112-17681-6
（26904）

# 丛书编委会

巴 方　杜海龙　韩 磊　郝建强

李 亮　李 鑫　李志杰　廖圣涛

刘雷雷　孟 帅　葛美玲　苗 峰

危凤海　张 巍　张志宏　赵亚军

马 楠　李 鹏　张 克　徐 阳

# 前　　言

近年来，我国国民经济的蓬勃发展，带动了建筑行业的快速发展，许多大楼拔地而起，随之而来的是对建筑设计、施工、预算、管理人员的大量需求。

建筑工程施工图是建筑工程施工的依据，建筑工程施工图识读是建筑工程施工的基础。本套丛书的编写，一是有利于培养读者的空间想象能力，二是有利于提高读者正确绘制和阅读建筑工程图的能力。因此，理论性和实践性都较强。

本套丛书在编写过程中，既融入了编者多年的工作经验，又采用了许多近年完成的有代表性的工程施工图实例。本套丛书为便于读者结合实际，并系统掌握相关知识，在附录中还附有相关的制图标准和制图图例，供读者阅读使用。

本套丛书共分6册：

(1)《20小时内教你看懂建筑施工图》；

(2)《20小时内教你看懂建筑结构施工图》；

(3)《22小时内教你看懂建筑给水排水及采暖施工图》；

(4)《20小时内教你看懂建筑通风空调施工图》；

(5)《20小时内教你看懂建筑电气施工图》；

(6)《20小时内教你看懂建筑装饰装修施工图》。

丛书特点：

随着建筑工程的规模日益扩大，对于刚参加建筑工程施工的人员，由于对房屋的基本构造不熟悉，还不能看懂建筑施工的图纸，为此迫切希望能够看懂建筑施工图纸，为实施工程施工创造良好的条件。

新版的《房屋建筑制图统一标准》、《总图制图标准》、《建筑制图标准》、《建筑结构制图标准》、《给水排水制图标准》、《暖通空调制图标准》2011年正式实施，针对新版的制图标准，我们编写了这套丛书，通过对范例的精讲和对基础知识的介绍，能让读者更加熟悉新的制图标准，方便地识读图纸。

本书编写不设章、节，按照第××小时进行编写与书名相呼应，让读者感觉施工图识读不是一件困难的事情，本书的施工图实例解读详细准确，中间穿插介绍一些识读的基本知识，方便读者学习。

本书三大特色：

(1)内容精。典型实例逐一讲解。

（2）理解易。理论基础穿插介绍。

（3）实例全。各种实例面面俱到。

在此感谢杜海龙、廖圣涛、徐阳、马楠、张克、李鹏、韩磊、葛美玲、刘雷雷、刘新艳、李庆磊、孟文璐、李志杰、赵亚军、苗峰等人在本书编写过程中所做的资料整理和排版工作。

由于编者水平有限，书中的缺点在所难免，希望同行和读者给予指正。

# 目　　录

# 结构设计总说明识读

## 一、基础知识

结构设计总说明是对结构设计施工图内容的总概括，是对使用、施工单位的交底，是设计中的依据、标准、政策要求，以及对图面内容的重要补充等。因此，它在结构设计文件中非常重要。许多规范强制性条文及标准的内容都在这张图上阐明。

结构设计总说明主要内容有设计依据、相关规范、抗震等级、人防等级、地基情况、抗渗做法、荷载取值、材料情况、施工注意事项、选用图集、通用图以及在施工图中未画出而通过说明来表达的信息。必要时，结构总说明中可以对某些说明进行修改或增添。例如，支承在钢筋混凝土梁上的构造柱，钢筋锚入梁内长度及钢筋搭接长度均可按实际设计修改；单向板的分布筋，可根据实际需要加大直径或减小间距等；图中通过说明可用 K 表示Φ6@200、G 表示Φ8@200，也可用 "K6"、"K8"、"K10"、"K12" 依次表示直径为 6、8、10、12 间距均为 200mm 的配筋。

## 二、施工图识读

以某办公楼的结构设计总说明为例，包括设计依据、图纸说明、自然条件、设计活荷载、主要结构材料、构造和其他七项内容。限于篇幅，将其分成四个部分供读者学习。首先学习前四个内容：

（1）"设计说明"中列出了结构设计所采用的现行国家规范、标准及规程（包括标准的名称、编号、年号和版本号）；"图纸说明"中主要说明图纸中标高、尺寸的单位；"自然条件"中主要说明建筑结构的安全等级和设计使用年限，混凝土结构构件的环境类别和耐久性要求，建筑的抗震设防类别、抗震设防烈度等；"设计活荷载"中主要说明楼（屋）面均布荷载的标准值。

（2）"主要结构材料"中主要说明结构所采用材料（如混凝土、钢筋、砌体的块材和砌筑砂浆、焊条等）的品种、规格、强度等级等；"其他"中主要指出沉降观测以及施工中需要特别注意的问题；"结构"中（一）主要说明受力钢筋的混凝土保护层最小厚度，（二）主要说明板中未注明钢筋的布置要求及预留孔洞的要求。

（3）结构设计总说明中第六条内容的（三），即梁柱的构造要求，主要说明图纸中梁构件未标明的细部钢筋该如何布置。

（4）结构设计总说明中第六条内容的（四）、（五）、（六）、（七）点，"砌体部分构造措施"中主要说明构造柱的布置及布筋要求、墙中钢筋的布置要求；"其他构造要求"中主要说明框架梁和柱的接头设置要求；第（六）点说明钢筋的搭接长度与锚固长度；第（七）点主要说明梁高度在某一限值时，需加设腰筋的规格、数量。

# 某办公楼结构设计说明

**一、设计依据**

《建筑结构设计统一标准》GB 50068—2001

《建筑结构荷载规范》GB 50009—2001

《建筑地基基础设计规范》GB 50007—2002

《混凝土结构设计规范》GB 50010—2002

《建筑抗震设计规范》GB 50011—2002

《混凝土结构施工图整体表示方法制图规则和构造详图》03G101—1

《混凝土结构施工图平面整体表示方法制图规则和构造详图》04G101—3

**二、本工程全部尺寸以毫米为单位，标高以米为单位**

**三、自然条件**

1. 本工程抗震设防类别为丙类建筑，结构的安全等级为二级。

2. 本工程按 8 度地震烈度设防，框架的抗震等级为 II 级。

设计基本地震加速度为 0.20g，设计地震分组为第一组。

3. 拟建工程场地类别为 II 类，中硬场地土，地基基础的设计等级为丙级。

4. 场地土标准冻深 0.80m。

5. 基本风压 0.40kN/m²。

6. 本工程设计使用年限为 50 年，设计基准期为 50 年。

7. 根据河北冀东建设工程有限公司提供《花冠商办楼岩土工程勘察报告》

本工程基础座于第二层，细砂层，地基承载力特征值为 160kPa，基础开槽后，须通知设计及勘察单位检验合格后，方可继续施工。

8. 本工程所处的环境类别：基础：二（b）；外露构件、卫生间：二（a）；普通房间：一类。

9. 本工程结构混凝土耐久性的基本要求：

| 环境类别 | | 最大水灰比 | 最小水泥用量（kg/m³） | 最低混凝土强度等级 | 最大氯离子含量（%） | 最大碱含量（kg/m³） |
|---|---|---|---|---|---|---|
| 一 | | 0.65 | 225 | C20 | 1.0 | 不限制 |
| 二 | a | 0.60 | 250 | C25 | 0.3 | 3.0 |
| | b | 0.55 | 275 | C30 | 0.2 | 3.0 |

### 四、设计活荷载

| 楼面用途 | 活荷载（kN/m²） | 楼面用途 | 活荷载（kN/m²） |
|---|---|---|---|
| 商业 | 3.5 | 卫生间 | 4.0 |
| 办公 | 2.0 | 会议室 | 2.5 |
| 楼梯 | 3.5 | 走廊 | 2.5 |
| 不上人屋面 | 0.5 | | |

### 五、主要结构材料

1. 混凝土：基础垫层均为 C10，基础为 C40。

| 标高（m） | 基础顶平～7.420 | 7.420～16.420 | 16.420～22.500（26.850） |
|---|---|---|---|
| 梁、板、柱、楼梯 | C40 | C35 | C30 |

未注明的构造构件为 C20。

2. 钢筋：Φ（HPB235）、Φ（HRB335）、Φ（HRB400）并满足 GB 50011—2001 第 3.9.2 条的有关规定。

3. 砖：标高 −0.050m 以下的砖墙为 M7.5 水泥砂浆砌筑 MU10 黏土砖。（经国家检测部门检测有合格报告）

4. 加气混凝土砌块：用 M5 混合砂浆砌筑 MU3.5 轻质砌块，砌块重力密度小于 650kN/m³。

5. 焊条：E43××用于 I 级钢及型钢焊接，E50××用于 II 级钢焊接，E55××用于 III 级钢焊接。

### 六、构造

#### （一）钢筋保护层

| 位置 | 地下 | | 地上 | | |
|---|---|---|---|---|---|
| 构件名称 | 基础 | 梁、柱 | 梁、柱 | 板（环境类别一类） | 板（环境类别二a类） |
| 保护层厚度 | 40mm | 35mm | 30mm | 15mm | 20mm |

#### （二）板的构造要求

1. 单向板底筋的分布筋及单向板双向板支座筋的分布筋，除图中注明外，均为Φ6@200。

2. 双向板之底筋，短向筋放在底层，长向筋在短向筋之上。

3. 所有板筋（受力或构造钢筋）当要搭接接长时，其搭接长度见本条第（六）项，在同一截面有接头的钢筋截面面积不得超过钢筋总截面面积的25%。

4. 对于配有双层钢筋的楼板或基础底板，除注明做法要求外，均应加支撑钢筋，其形式如⌐，以保证上下层钢筋位置准确，支持钢筋用Φ12，每平方米设置一个。

5. 楼板开洞除图中注明外，当洞宽小于300mm时，可不设附加筋，板上钢筋绕过洞边，不需切断。

6. 上下水管道及设备孔洞均需按预留孔洞平面及有关专业图示位置及大小预留，不得后凿。

#### （三）梁柱构造要求（其中 $d$ 为钢筋直径）

1. 对于跨度大于4m的梁及跨度大于2m的挑梁，应注意按施工规范要求起拱。

2. 由于设备需要在梁开洞或设埋件，应严格按照设计图纸规定设置，在浇筑混凝土前经检查符合设计要求后，方可浇筑混凝土，预留孔不得后凿。

3. KL、L、XL悬臂端附加钢筋。

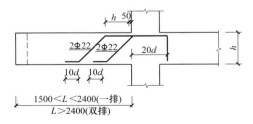

4. KL、L悬臂端上部纵向钢筋构造补充如下。

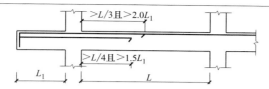

5. 门窗过梁未注明者按下图。

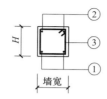

梁长＝洞口宽＋500mm

| 洞口宽 L | ① | ② | ③ | H |
|---|---|---|---|---|
| 小于 2100 | 3Φ14 | 2Φ12 | Φ8@150 | 200 |
| 大于 2100 | 3Φ16 | 3Φ12 | Φ8@150 | 300 |

（四）砌体部分构造措施

1. 纵横墙交叉处、独立墙段的中间部位均设构造柱，柱截面同墙宽，内配 4Φ12/Φ6@200 钢筋

2. 当围护墙或间隔墙的水平长度大于 5m 时，应在墙端或墙中间加设构造柱，构造柱的柱顶柱脚应在主体结构中预埋 4Φ12 短竖筋，钢筋搭接长度 35$d$，先砌墙，后浇柱，柱的混凝土强度等级为 C20，竖筋用 4Φ12，箍筋用Φ6@200。

3. 钢筋混凝土墙柱与砌体的连接应沿钢筋混凝土墙柱高度每隔 500mm 预埋 2Φ6 钢筋，锚入混凝土墙柱内 300mm，通长设置且末端设弯直钩。当墙高大于 4m 时，在墙中部设置与墙柱连接的通长钢筋混凝土水平墙梁，高度 150mm，配 3Φ10/Φ6@200。

4. 当洞顶离结构梁或板底小于钢筋混凝土过梁高度时，过梁与结构梁或板浇成整体，如下图所示。

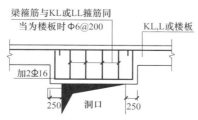

5. 构造柱、女儿墙、圈梁做法详 03G329-1。

（五）其他构造要求

1. KL 内通长钢筋应当采用焊接接头，其接头位置上筋在跨中的 1/3 范围内，下筋在支座处。

2. KZ 纵筋均采用机械连接接头。

3. KZ 首层柱根加密区详 03G101-1。

4. 现浇楼板端部锚固，上皮筋锚固 31$d$，下皮筋锚固 15$d$ 且过梁中线。

5. 框架梁梁面贯通筋是为抗震而设置，应保证每跨均有抗震需要的直通面筋，梁面贯通筋应尽施工之可能按最长下料，就位后先采用搭接焊或机械接头来完成。

（六）钢筋的搭接长度与锚固长度

1. 钢筋的锚固长度 $l_a$ 详 03G101-1。

2. 钢筋的搭接长度详 08G101-1。

（七）梁腰筋

当梁高大于等于 550mm 时，加 2Φ12 腰筋（图中注明者除外）。

当梁高大于等于 650mm 时，加 4Φ12 腰筋（图中注明者除外）。

当梁高大于等于 800mm 时，加 6Φ12 腰筋（图中注明者除外）。

七、其他

1. 沉降观测：本工程应对整个建筑物在施工及使用过程中做好沉降观测记录，观测点布置要求另详图，观测由施工单位负责。

2. 施工中应密切与水电配合，注意及时预留管沟及孔洞，回填土应分层夯实，回填土的质量要求：压实系数不小于 0.95。

3. 施工时，应按国家现行有关施工规范及验收规程进行质量检查及工程验收。

4. 未经设计同意不得擅自更改建筑的使用功能及环境。

5. 基础开槽后，应及时组织设计、勘察、质检等各方有关人员进行验槽，若地质实际情况与设计要求不符，须经设计人员及地质勘察工程师共同研究处理。

# 第2小时
# 图纸目录识读

## 一、基础知识

阅读结构施工图前应先看图纸目录，通过阅读图纸目录，可以了解建筑的类型、设计单位名称、图纸张数、主要图纸有哪些等内容，并检查全套各工种图纸是否齐全，图名与图纸编号是否相符等。

图纸目录绘制的具体内容如下：

全部图纸都应在"图纸目录"上列出，"图纸目录"的图号是"G-0"。

结构施工图的图别为"结施"。图号排列的原则是从整体到局部，按施工顺序从下到上。例如，"结构总说明"的图号为"G-1"，以后依次为桩基础统一说明及大样、基础及基础梁平面、由下而上的各层结构平面、各种大样图、楼梯表、柱表、梁大样及梁表。按平法绘制时，各层结构平面又分为墙柱定位图、各类结构构件的平法施工图（模板图，板、梁、柱、剪力墙配筋图等，特殊情况下增加的剖面配筋图），并应和相应构件的构造通用图集说明配合使用，此时应按基础、柱、剪力墙、梁、板、楼梯及其他构件的顺序排列。

## 二、施工图识读

图 2-1 所示为某办公楼工程的图纸目录，图纸目录中主要包括此工程每张图纸的编号、名称、类型及张数。图纸目录表头填有项目名称、工程编号、层数等工程信息。

图纸目录

| 建设单位 | | 建筑面积 | | 耐火等级 | 8 |
|---|---|---|---|---|---|
| 项目名称 | 花冠商办楼 | 地下一层 | | 抗震设防烈度 | |
| 工程编号 | T2006-12 | 地上八层 | 层数 | 人防等级 | |
| 第1页 | 共1页 | 总高度 | | 2006年6月 日 | |

| 序号 | 图纸编号 | 图纸名称 | 图纸类型及张数 0#1#2#3# | 备注 |
|---|---|---|---|---|
| 12 | 结施-12 | 标高19.420m结构平面布置图 | | |
| 13 | 结施-13 | 标高22.500m结构平面布置图 1号、2号楼梯详图 | | |
| 14 | 结施-14 | 3号楼梯详图 | | |
| 15 | 结施-15 | 4号楼梯详图(一) | | |
| 16 | 结施-16 | 4号楼梯详图(二) | | |
| 17 | 结施-17 | 5号楼梯详图 | | |

选 用 图 集

| 序号 | 图集名称 | 备注 |
|---|---|---|
| 1 | | |
| 2 | | |
| 3 | | |

专业:结构　　编制　　校正

| 序号 | 图纸编号 | 图纸名称 | 图纸类型及张数 0#1#2#3# | 备注 |
|---|---|---|---|---|
| 1 | 结施-1 | 结构设计总说明 | | |
| 2 | 结施-2 | 基础平法施工图 基础详图 | | |
| 3 | 结施-3 | 标高3.850~7.420m柱平法施工图 | | |
| 4 | 结施-4 | 标高7.420~13.420m柱平法施工图 标高13.420~22.500m柱平法施工图 | | |
| 5 | 结施-5 | 标高22.500~25.500m柱平法施工图 节点详图 | | |
| 6 | 结施-6 | 标高-0.050m梁平法施工图 | | |
| 7 | 结施-7 | 标高3.850m梁平法施工图 标高7.420m梁平法施工图 | | |
| 8 | 结施-8 | 标高10.420~16.420m梁平法施工图 标高19.420m梁平法施工图 | | |
| 9 | 结施-9 | 标高22.500m梁平法施工图 标高24.150、25.500、26.850m梁平法施工图 | | |
| 10 | 结施-10 | 标高25.000m结构平面布置图 标高-0.050m结构平面布置图 标高3.850m结构平面布置图 | | |
| 11 | 结施-11 | 标高7.420m结构平面布置图 标高10.420~16.420m结构平面布置图 | | |

选 用 图 集

| 序号 | 图集名称 | 备注 |
|---|---|---|
| 1 | | |
| 2 | | |
| 3 | | |

图2-1 结构施工图的图纸目录

# 基础平面布置图识读

## 一、基础知识

基础是房屋的地下承重结构部分，它把房屋的各种荷载传递到地基。起到了承上传下的作用。

1. 基础平面布置图概述

（1）基础平面布置图是假想用一水平面沿地面将房屋切开，移去上面部分和周围土层，向下投影所得的全剖面图。

（2）基础平面布置图绘图的比例一般与建筑平面图的比例相同。其定位轴线及编号也应与建筑平面图一致。

（3）尺寸标注方面需要标出定位轴线间的尺寸、条形基础底面和独立基础底面的尺寸。

（4）基础平面布置图的图线要求是：剖切到的墙画粗实线，可见的基础轮廓、基础梁等画中实线，剖切到的钢筋混凝土柱涂黑。

2. 基础平面布置图的主要内容

（1）图名、比例。

（2）纵横定位轴线及其编号。

（3）基础的平面布置，即基础墙、构造柱、承重柱以及基础底面的形状、大小及其与轴线之间的关系。

（4）基础梁或基础圈梁的位置及其代号。

（5）断面图的剖切线及其编号。

（6）轴线尺寸、基础大小尺寸和定位尺寸。

（7）施工说明。

（8）当基础底面标高有变化时，应在基础平面图对应部位的附近画出一段基础的垂直剖面图，来表示基底标高的变化，并标注相应基底的标高。

## 二、施工图识读

图 3-1 所示为独立基础的平面布置图，限于篇幅，仅选取图的局部进行识读。读图可知：基础的底面形状为矩形，基础编号有 J-1、J-3、J-12、J-13 和 J-14 五种，分别表示不同尺寸的基础。J-1 的底面尺寸为 2300mm×2300mm，J-3 的底面尺寸为 3400mm×3400mm，J-12 的底面尺寸为 5100mm×3200mm，J-13 的底面尺寸为 4900mm×2900mm，J-14 的底面尺寸为 4200mm×2000mm。此外，在定位轴线相交的地方都布置了承重柱。

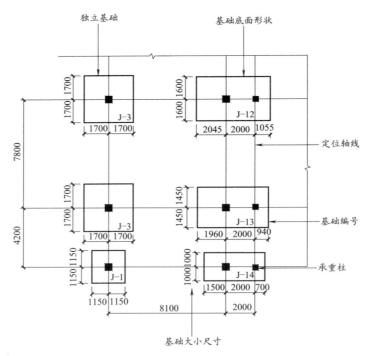

图 3-1 独立基础平面布置图

# 第4小时

# 基础大样详图识读

## 一、基础知识

**1. 基础详图概述**

（1）基础平面布置图仅表示基础的平面布置，而基础各部分的形状、大小、材料、构造及埋置深度需要画基础详图来表示。

（2）各种基础的图示方法不同，条形基础采用垂直剖面图，独立基础则采用垂直剖面和平面图表示。

（3）基础详图用大的比例绘制，常用比例为 1：20 或 1：30。其定位轴线的编号应与基础平面图一致。

（4）尺寸标注方面除了标注基础上各部分的尺寸以外，还应标注钢筋的规格、室内外地面及基础底面标高等。

（5）基础详图的图线要求是：对于条形基础，剖切到的砖墙和垫层画粗实线；而对于钢筋混凝土的独立基础，其基础轮廓、柱轮廓用中实线或细实线绘制，钢筋用粗实线绘制，钢筋断面为黑圆点。

**2. 基础详图的主要内容**

（1）图名或基础代号、比例。

（2）基础断面形状、大小、材料、配筋以及定位轴线及其编号。

（3）基础梁和基础圈梁的截面尺寸及配筋。

（4）基础圈梁与构造柱的连接做法。

（5）基础断面的细部尺寸和室内、外地面，基础垫层底面的标高等。

（6）防潮层的位置和做法。

（7）施工说明等。

**3. 基础的分类**

基础按构造的方式可分为条形基础、独立基础、片筏基础、箱形基础等，其各自特点具体如下。

（1）独立基础

1）柱下独立基础。独立基础是柱子基础的主要类型，它可以用砖、石材料砌筑而成，上面为砖柱形式；而大多用钢筋混凝土材料做成，上面为钢筋混凝土柱或钢柱。基础形状为方形或矩形，如图 4-1 所示。

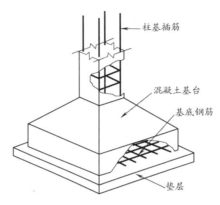

图 4-1　钢筋混凝土独立柱基

2）墙下单独基础。墙下单独基础是当上层土质松软，而在不深处有较好的土层时，为了节约基础材料和减少开挖土方量而采用的一种基础形式。

（2）条形基础

1）墙下条形基础。条形基础是承重墙基础的主要形式。当上部结构荷载较大而土质较差时，可采用钢筋混凝土建造，墙下钢筋混凝土条形基础一般做成无肋式；肋式的条形基础条件：地基在水平方向上压缩性不均匀，为了增加基础的整体性，减少不均匀沉降。

2）柱下钢筋混凝土条形基础。当地基软弱而荷载较大时，为增强基础的整体性并节约造价，可做成柱下钢筋混凝土条形基础。

条形基础如图 4-2 所示。

（3）柱下十字交叉基础

荷载较大的高层建筑，如土质较弱，可做成十字交叉基础。

（4）筏形基础

如地基基础软弱而荷载又很大，采用十字基础仍不能满足要求或相邻基槽距离很小时，可用钢筋混凝土做成整块的筏形基础。按构造不同它可分为平板式和梁板式两类，如图 4-3 所示。

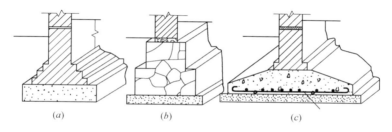

*(a)*　　　　　　*(b)*　　　　　　*(c)*

图 4-2　条形基础示意图

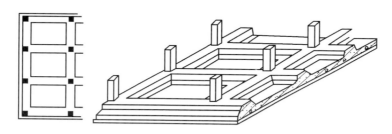

图 4-3　筏形基础示意图

（5）箱形基础

它的主要特点是刚性大，减少了基础底面的附加应力，因而适用于地基软弱土层厚、荷载大和建筑面积不太大的一些重要建筑物，目前高层建筑中多采用箱形基础，如图 4-4 所示。

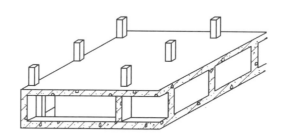

图 4-4　箱形基础示意图

## 二、施工图识读

图 4-5 所示为图 3-1 中 J-3 号独立基础的大样详图。从该图中可以看出：

J-3 为两阶，第一阶截面尺寸为 1900mm×1900mm，第二阶截面尺寸为 3400mm×3400mm，每一阶高度均为 300mm。基础底面标高为 −1.700m。垫层厚度为 100mm，截面尺寸为 3600mm×3600mm。

基础底板底部为双向配筋，$X$ 和 $Y$ 两个方向钢筋直径均为 14mm，分布间距为 150mm。基础所支承的柱子截面尺寸为 500mm×500mm，基础插筋底部弯折长度为 150mm。

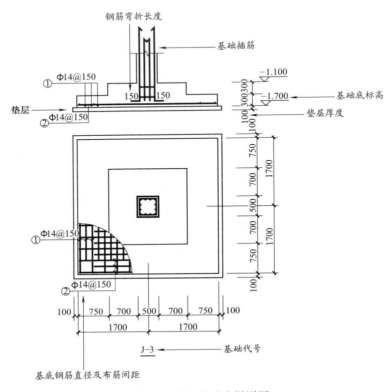

图 4-5　独立基础大样详图

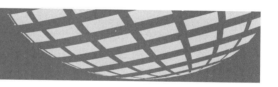

# 第5小时

# 剪力墙平面布置图识读

一、基础知识

1. 剪力墙的编号规定

在平法剪力墙施工图中，将剪力墙按剪力墙柱、剪力墙梁、剪力墙身三类构件编号，具体内容见表5-1～表5-3。

剪力墙柱编号　　　　　　　　　　　　表 5-1

| 墙 柱 类 型 | 代　号 | 序　号 |
|---|---|---|
| 约束边缘暗柱 | YAZ | ×× |
| 约束边缘端柱 | YDZ | ×× |
| 约束边缘翼墙(柱) | YYZ | ×× |
| 约束边缘转角墙(柱) | YJZ | ×× |
| 构造边缘端柱 | GDZ | ×× |
| 构造边缘暗柱 | GAZ | ×× |
| 构造边缘翼墙(柱) | GYZ | ×× |
| 构造边缘转角墙(柱) | GJZ | ×× |
| 非边缘暗柱 | AZ | ×× |
| 扶壁柱 | FBZ | ×× |

剪力墙梁编号　　　　　　　　　　　　表 5-2

| 墙 柱 类 型 | 代　号 | 序　号 |
|---|---|---|
| 连梁 | LL | ×× |
| 连梁(有交叉暗撑) | LL(JC) | ×× |

续表

| 墙柱类型 | 代　　号 | 序　　号 |
|---|---|---|
| 连梁(有交叉钢筋) | LL(JG) | ×× |
| 暗梁 | AL | ×× |
| 边框梁 | BKL | ×× |

**剪力墙身编号**　　　　　　　　　　　　　　　　表 5-3

| 墙柱类型 | 代　　号 | 序　　号 |
|---|---|---|
| 剪力墙身 | Q(×) | ×× |

2. 剪力墙平法表达形式

（1）列表注写方式

列表注写方式，系分别在剪力墙梁表、剪力墙身表和剪力墙柱表中，对应于剪力墙平面布置图上的编号，用绘制截面配筋图并注写几何尺寸与配筋具体数值的方式来表达剪力墙平法施工图。

1）剪力墙梁表。在剪力墙梁表中，包括墙梁编号、墙梁所在楼层号、墙梁顶面标高高差（系指相对于墙梁所在结构层楼面标高的高差值，正值代表高于墙梁所在结构层楼面标高，负值代表低于墙梁所在结构层楼面标高，未注明的代表无高差）、墙梁截面尺寸 $b×h$、上部纵筋、下部纵筋和箍筋的具体数值等。当连梁设有斜向交叉暗撑（代号为 LL（JC）××且连梁截面宽度不小于 400mm）或斜向交叉钢筋（代号 LL（JG）××，且连梁截面宽度小于 400mm 但不小于200mm）时，标写为"配筋值×2"，其中"配筋值"系指一根暗撑的全部纵筋或一道斜向钢筋的配筋数值，"×2"代表有两根暗撑纵筋相互交叉或两道斜向钢筋相互交叉。

2）剪力墙身表。在剪力墙身表中，包括墙身编号（含水平与竖向分布钢筋的排数）、墙身的起止标高（表达方式同墙柱的起止标高）、水平分布钢筋、竖向分布钢筋和拉筋的具体数值（表中的数值为一排水平分布钢筋和竖向分布钢筋的规格与间距，具体设置几排见墙身后面的括号）等。

3）剪力墙柱图。在剪力墙柱图中，包括墙柱编号、截面配筋图、加注的几何尺寸（未注明的尺寸按标注构造详图取值）、墙柱的起止标高、全部纵向钢筋和箍筋等内容。其中墙柱的起止标高自墙柱根部往上以变截面位置或截面未变但配筋改变处为分段界限，墙柱根部标高系指基础顶面标高（框支剪力墙结构则为框支梁的顶面标高）。

（2）截面注写方式

1）截面注写方式系在标准层绘制的剪力墙平面布置图上或直接在墙柱、墙身、墙梁上注写截面和配筋具体数值的方式来表达剪力墙平法施工图。

2）选用适当比例原位放大绘制剪力墙平面布置图，其中对墙柱绘制配筋截面图；对所有墙柱、墙身、墙梁分别按剪力墙编号规定进行编号并分别在相同编号的墙柱、墙身、墙梁中选择一根墙柱、一道墙身、一道墙梁进行注写，其注写内容按以下规定：

① 剪力墙柱的注写内容有截面配筋图、截面尺寸、全部纵筋和箍筋的具体数值。

② 剪力墙身的注写内容有墙身编号（编号后括号内的数值表示墙身所配置的水平与竖向分布钢筋的排数）、墙厚尺寸、水平分布钢筋和竖向分布钢筋以及拉筋的具体数值。

③ 剪力墙梁的注写内容有墙梁编号、墙梁截面尺寸 $b \times h$、墙梁箍筋、上部纵筋、下部纵筋和墙梁顶面标高高差（含义同列表注写方式）等。

## 二、施工图识读

图 5-1 所示为剪力墙平面布置图。限于篇幅，仅选取图的局部进行识读，读图可知：

剪力墙由剪力墙柱、剪力墙身、剪力墙梁三部分构成，图中将这三类构件分别编号，编号由构件的类型代号和序号组成。"GBZ"为构造边缘构件的代号，"YBZ"为约束边缘构件的代号，"LL"为连梁的代号。

剪力墙暗柱表中表达了剪力墙暗柱的编号，墙柱的截面配筋图，墙柱的几何尺寸，墙柱的纵向钢筋和箍筋等内容。如 GBZ3，共有 24 根直径 16mm 的纵向钢筋，箍筋直径为 8mm，布置间距为 100mm。

剪力墙身表中表达了墙身编号、墙身起止高度、墙厚、水平分布筋、竖向分布筋和拉筋的具体数值等内容。如 Q-1，墙身高度为 2.750m，水平和垂直分布筋均为 Φ10@200，拉筋布置方式为"双向"，直径为 6mm。剪力墙连梁表中表达了连梁的编号，梁截面尺寸 $b \times h$，连梁顶面标高高差，上部纵筋，下部纵筋和箍筋的具体数值等内容。"注"中说明了连梁的其他配筋要求。如 LL1，截面尺寸为 200mm × 1350mm，连梁顶面高于其所在结构层楼面标高 1.000m，上部和下部纵筋均为 4Φ16，分两排布置，箍筋类型为 2×2，直径 8mm，间距 100mm。

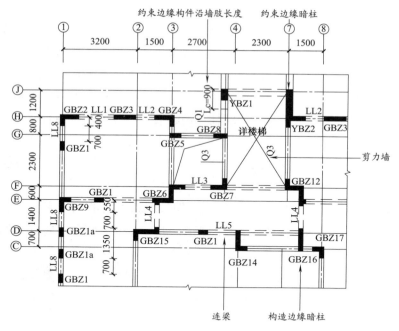

图 5-1　剪力墙平面布置图

| 首层剪力墙身表 | | | | | | |
|---|---|---|---|---|---|---|
| 编号 | 标高(m) | 墙厚 | 垂直分布筋 | 水平分布筋 | 拉筋(双向) | 备注 |
| Q-1 | −0.100～2.650 | 300 | $\phi10@200$ | $\phi10@200$ | $\phi6$ | |
| Q-2 | −0.100～2.650 | 200 | $\phi8@200$ | $\phi8@200$ | $\phi6$ | 未注明200厚墙 |
| Q-3 | −0.100～2.650 | 200 | $\phi8@200$ | $\phi10@200$ | $\phi6$ | |

| 剪力墙暗柱表 | | | |
|---|---|---|---|
| GBZ1 | GBZ2 | GBZ3 | GBZ4 |
| $6\phi14$ | $16\phi14$ | $24\phi16$ | $18\phi14$ |
| $\phi8@100$ | $\phi8@100$ | $\phi8@100$ | $\phi8@100$ |

首层剪力墙连梁表

| 编号 | 梁截面 $b \times h$ | 相对标高高差(m) | 上部纵筋 | 下部纵筋 | 箍筋 |
|------|------|------|------|------|------|
| LL1 | $200 \times 1350$ | $+1.000$ | $4\phi16\ 2/2$ | $4\phi16\ 2/2$ | $\phi8@100(2)$ |
| LL2 | $200 \times 550$ | | $3\phi16$ | $3\phi16$ | $\phi10@100(2)$ |
| LL3 | $200 \times 450$ | | $2\phi16$ | $2\phi16$ | $\phi8@100(2)$ |

注：1. 墙体水平钢筋应作为连梁的腰筋在连梁的范围拉通连续配置。

2. 当连梁跨度/连梁高度≤2.5，连梁的腰筋按 $\phi10@100$ 配筋。

# 第6小时

# 框架柱平法施工图识读

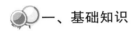 一、基础知识

1. 柱的编号规定

在柱平法施工图中，各种柱应按照表6-1的规定编号，同时，对应的标准构造详图也标注相同的编号。柱编号不仅可以区别不同的柱，还可以作为信息纽带在柱平法施工图与相应标准构造详图之间建立起明确的联系，使在平法施工图中表达的设计内容与相应的标准构造详图合并构成完整的柱结构设计。

各种柱编号的基本规定 表6-1

| 柱类型 | 代号 | 序号 | 特 征 |
|---|---|---|---|
| 框架柱 | KZ | ×× | 柱根部嵌固在基础或地下结构上，并与框架梁刚性连接构成框架 |
| 框支柱 | KZZ | ×× | 柱根部嵌固在基础或地下结构上，并与框支梁刚性连接构成框支结构。框支结构以上转换为剪力墙结构 |
| 芯柱 | XZ | ×× | 设置在框架柱、框支柱、剪力墙柱核心部位的暗柱 |
| 梁上柱 | LZ | ×× | 支承在梁上的柱 |
| 剪力墙上柱 | QZ | ×× | 支承在剪力墙顶部的柱 |

2. 列表注写

（1）列表注写方式

列表注写方式系在柱平面布置图上（一般只需要采用适当比例绘制一张柱平面布置图，包括框架柱、框支柱、梁上柱和剪力墙上柱）分别在同一编号的柱中选择一个（有时需要选择几个）截面标注几何参数代号，在柱表中注写柱号、柱段起止标高、几何尺寸（含柱截面对轴线的偏心情况）与配筋的具体数值，并配以各种柱截面形状及其箍筋类型的方式来表达柱平法施工图。

（2）列表注写内容

列表注写内容见表6-2。

列表注写内容　　　　表 6-2

| 项　　目 | 内　　容 |
|---|---|
| 注写柱编号 | 柱编号由类型代号和序号组成,应符合表6-1的柱编号规定 |
| 注写各柱段的起止标高 | 自柱根部往上以变截面位置或截面未变但配筋改变处为界分段注写。框架柱和框支柱的根部标高系指基础顶面标高。芯柱的根部标高系指根据结构实际需要而定的起始位置标高。梁上柱的根部标高系指梁顶面标高。剪力墙上柱的根部标高分两种:当柱纵筋锚固在墙顶部时,其根部标高为墙顶面标高;当柱与剪力墙重叠一层时,其根部标高为墙顶面往下一层的结构楼层面标高 |
| 注写柱截面 | 对于矩形柱,注写柱截面尺寸 $b \times h$ 及与轴线有关系的几何参数代号 $b_1$、$b_2$ 和 $h_1$、$h_2$ 的具体数值,须对应于各柱段分别注写。对于圆柱,表中 $b \times h$ 一栏改用在圆柱直径数字前加 D 表示 |
| 注写柱纵筋 | 当柱纵筋直径相同,各边根数也相同时(包括矩形柱、圆柱和芯柱),将纵筋注写在"全部纵筋"一栏中。除此之外,柱纵筋分角筋、截面 $b$ 边中部筋和 $h$ 边中部筋三项分别注写 |
| 注写箍筋类型及箍筋肢数 | 在箍筋类型栏内注写并绘制柱截面形状及其箍筋类型号 |
| 注写柱箍筋,包括钢筋级别、直径与间距 | 当为抗震设计时,用斜线"/"区分柱端箍筋加密区与柱身非加密区长度范围内箍筋的不同间距。当箍筋沿柱全高为一种时,则不使用"/"线。当圆柱采用螺旋箍筋时在箍筋前加"L" |

3. 截面注写

截面注写方式系在柱平面布置图上，分别在不同编号的柱中各选一截面，在其原位上以一定比例放大绘制柱截面配筋图，注写柱编号、截面尺寸 $b \times h$、角筋或全部纵筋、箍筋的级别、直径及加密区与非加密区的间距。同时，在柱截面配筋图上尚应标注柱截面与轴线关系。

## 二、施工图识读

图 6-1 所示为在柱的平面布置图上采用列表注写方式表达柱的平法施工图。限于篇幅，仅选取图的局部进行阅读，从该图中可以看出：

KZ-1 位于①号和Ⓐ号轴线交接处，KZ-2 位于②号和Ⓐ号轴线交接处，KZ-3 位于①号和Ⓑ号轴线交接处，KZ-1 位于②号和Ⓑ号轴线交接处。"KZ"为框架柱代号。

柱表中的 KZ-1、KZ-2、KZ-3、KZ-4 为柱编号。KZ-1、KZ-2 的截面尺寸相同，为 650mm×600mm；KZ-3、KZ-4 的截面尺寸相同，为 600mm×700mm。四种框架柱的标高都为 0.800～10.500m，由此可知柱高度均为 9.70m。

柱的纵筋直径均为 28mm。由柱表可知：KZ-1、KZ-2 分别有 24 根直径为 28mm 的纵筋，KZ-3、KZ-4 分别有 22 根直径为 28mm 的纵筋。KZ-1、KZ-2 的配筋形式已在图中详细标出。

柱的箍筋有 6×6、6×7 两种类型，形式如图所示。"/"用来区分柱端箍筋加密区与柱身非加密区长度范围内箍筋的不同间距。KZ-1、KZ-2 的箍筋直径为 10mm，KZ-3、KZ-4 的箍筋直径为 12mm。KZ-1 和 KZ-4 的箍筋间距全柱均为 100mm，KZ-2 和 KZ-3 的箍筋间距在非加密区为 200mm、加密区为 100mm。

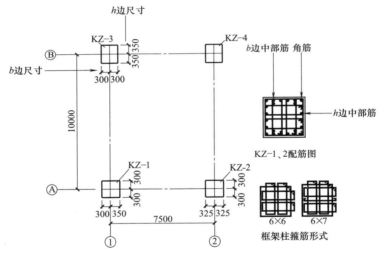

柱表

| 柱号 | 标高（m） | b×h（mm） | 角筋 | b 边一侧（中部筋） | h 边一侧（中部筋） | 箍筋类型 | 箍筋 |
|---|---|---|---|---|---|---|---|
| KZ-1 | 0.800～10.500 | 650×600 | 4φ28 | 6φ28 | 4φ28 | 6×6 | φ10@100 |
| KZ-2 | 0.800～10.500 | 650×600 | 4φ28 | 6φ28 | 4φ28 | 6×6 | φ10@100/200 |
| KZ-3 | 0.800～10.500 | 600×700 | 4φ28 | 4φ28 | 5φ28 | 6×7 | φ12@100/200 |
| KZ-4 | 0.800～10.500 | 600×700 | 4φ28 | 4φ28 | 5φ28 | 6×7 | φ12@100 |

图 6-1　框架柱平法施工图（一）

图 6-2 所示为某办公楼在柱的平面布置图上采用截面注写方式表达柱的平法施工图。限于篇幅，仅选取图的局部进行阅读，从该图中可以看出：

图的绘制比例为1：100。①、②号轴线间的距离为8000mm，©、①号轴线间的距离为7200mm。

图中是截取了四种编号的柱子，分别为 KZ-4、KZ-10、KZ-6a 和 KZ-8，均为框架柱。柱子的截面尺寸均相同，为 700mm×700mm。角筋为 4 根直径22mm 的钢筋。下面对四种柱子的布筋进行介绍：

KZ-4 的 b 边中部（一侧）有 4 根直径 22mm 的纵筋，h 边中部（一侧）有 3根直径 18mm 的纵筋，所以 KZ-4 中纵筋共有 18 根。箍筋类型 4×4，直径8mm，间距 100mm。

KZ-10 的 b 边中部（一侧）有 3 根直径 18mm 的纵筋，h 边中部（一侧）有3 根直径 22mm 的纵筋，所以 KZ-10 中纵筋共有 16 根。箍筋类型 4×4，直径8mm，非加密区间距 200mm，加密区间距 100mm。此外，在 KZ-10 的节点核心区箍筋直径为 10mm，间距 100mm。节点核心区指梁与柱的重叠区域。

KZ-6a 的 b 边中部（一侧）有 5 根直径 22mm 的纵筋，h 边中部（一侧）有3 根直径 18mm 的纵筋，所以 KZ-6a 中纵筋共有 20 根。箍筋类型 5×5，直径8mm，非加密区间距 200mm，加密区间距 100mm。

KZ-8 的 b 边中部（一侧）有 2 根直径 22mm 和 3 根直径 20mm 的纵筋，h边中部（一侧）有 3 根直径 18mm 的纵筋，所以 KZ-8 中纵筋共有 20 根。箍筋类型 4×4，直径 10mm，非加密区间距 200mm，加密区间距 100mm。

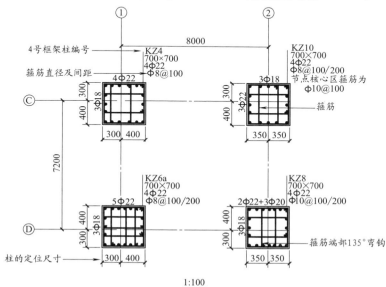

1:100

图 6-2 框架柱平法施工图（二）

所有柱子的箍筋末端均做135°弯钩。

图6-3所示为某办公楼基础顶至标高4.400m处柱的平法施工图，也采用截面注写方式。限于篇幅，仅选取图的局部进行阅读，从该图中可以看出：

图的绘制比例为1∶100。⑥、⑦号轴线间的距离为3600mm，ⓒ、ⓓ号轴线间的距离为7200mm。

图中截取了三种编号的柱子，分别为KZ-12、KZ-14和KZ-7，均为框架柱。KZ-12的截面尺寸为600mm×600mm，KZ-7的截面尺寸为700mm×700mm。下面对KZ12、KZ7钢筋的配置情况进行介绍：

KZ-12的角筋为4Φ22，b边中部（一侧）配置3根直径20mm的纵筋，h边中部（一侧）配置4根直径22mm的纵筋，所以KZ-12中纵筋共有18根。箍筋类型4×4，直径8mm，非加密区间距200mm，加密区间距100mm。

KZ-7的角筋也为4Φ22，b边中部（一侧）配置5根直径20mm的纵筋，h边中部（一侧）配置5根直径22mm的纵筋，所以KZ-7中纵筋共有24根。箍筋类型5×5，直径8mm，非加密区间距200mm，加密区间距100mm。箍筋末端均做135°弯钩。

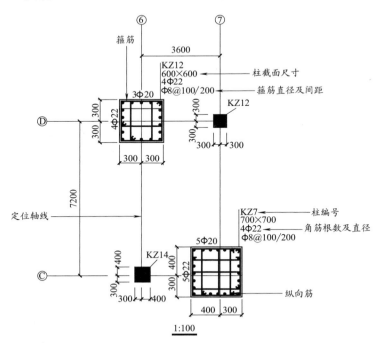

图6-3　框架柱平法施工图（三）

# 第7小时

# 构造柱与墙体连接详图识读

一、基础知识

1. 构造柱设置原则

为提高多层建筑砌体结构的抗震性能，规范要求应在房屋的砌体内适宜部位设置钢筋混凝土柱并与圈梁连接，共同加强建筑物的稳定性，这种钢筋混凝土柱通常称为构造柱。

（1）应根据砌体结构体系

砌体类型结构或构件的受力或稳定要求，以及其他功能或构造要求，在墙体中的规定部位设置现浇混凝土构造柱。

（2）对于大开间、荷载较大或层高较高以及层数大于等于8层的砌体结构房屋，宜按下列要求设置构造柱：

1）墙体的两端。

2）较大洞口的两侧。

3）房屋纵横墙交界处。

4）构造柱的间距，当按组合墙考虑构造柱受力时，或考虑构造柱提高墙体的稳定性时，其间距不宜大于 4m，其他情况不宜大于墙高的 1.5～2 倍及 6m，或按有关规范规定执行。

5）构造柱应与圈梁有可靠的连接；

（3）下列情况宜设构造柱：

1）受力或稳定性不足的小墙垛。

2）跨度较大的梁下墙体的厚度受限制时，于梁下设置。

3）墙体的高厚比较大，如自承重墙或风荷载较大时，可在墙的适当部位设置构造柱，此时构造柱的间距不宜大于 4m，构造柱沿高度横向支点的距离与此同时与构造柱截面宽度之比不宜大于30，构造柱的配筋应满足水平受力的要求。

2. 结构详图的表达内容

钢筋混凝土构件结构详图的主要内容包括：

（1）构件代号（图名）、比例。

（2）构件定位轴线及其编号。

（3）构件的形状、大小和预埋件代号及布置（模板图），当构件的外形比较简单、又无预埋件时，可只画配筋图来表示构件的形状和钢筋配置。

（4）梁、柱的结构详图通常由立面图和断面图组成，板的结构详图一般只画它的断面图或剖面图，也可把板的配筋直接画在结构平面图中。

（5）构件外形尺寸、钢筋尺寸和构造尺寸以及构件底面的结构标高。

（6）各结构构件之间的连接详图。

（7）施工说明等。

## 二、施工图识读

图7-1所示为构造柱与墙体连接结构详图，图7-1（a）为外墙角柱与墙体连接图，图7-1（b）为外墙中柱与墙体连接图。

从（a）图中可以看出构造柱纵筋采用4φ14，箍筋采用φ6@200，墙厚240mm；从（b）图中可以看出构造柱纵筋采用4φ12，箍筋采用φ6@200，墙厚240mm。构造柱与墙连接处沿墙高每隔500mm设2φ6拉结钢筋，每边伸入墙内不宜小于1000mm。构造柱与墙体连接处的墙体宜砌成马牙槎，在施工时先砌墙，后浇构造柱的混凝土。在墙体砌筑时应根据马牙槎的尺寸要求，从柱角开始，先退后进，以保证柱脚为大截面。

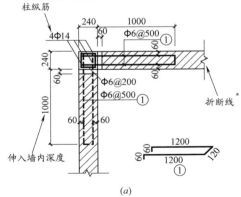

（a）

图7-1　构造柱与墙体连接构造详图

（a）外墙角柱

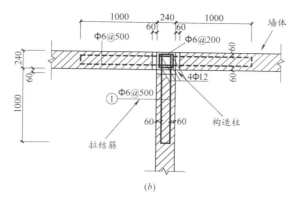

(b)

图 7-1 构造柱与墙体连接构造详图（续）

(b) 外墙中柱

# 第8小时

# 框架梁平法施工图识读

 **一、基础知识**

1. 梁平面注写方式

（1）梁集中标注内容为六项，其中前五项为必注值，即：①梁编号；②截面尺寸；③箍筋；④上部通长筋或架立筋；⑤侧面构造纵筋或受扭纵筋。第六项为选注值，即：⑥梁顶面相对标高高差，具体见表8-1。

梁平面注写方式集中标注的具体内容 表8-1

| 项　目 | 内　容 |
|---|---|
| 注写梁编号<br>（必注值） | 梁编号带有注写在"（　　）"内的梁跨数及有无悬挑信息,应注意当有悬挑端时,无论悬挑多长均不计入跨数 |
| 注写梁截面尺寸<br>（必注值） | 当为等截面梁时,用 $b \times h$ 表示,其中 $b$ 为梁宽,$h$ 为梁高;当为加腋梁时,用 $b \times hY_{c_1 \times c_2}$ 表示,其中 $c_1$ 为腋长,$c_2$ 为腋高<br>当为悬挑梁且根部和端部的高度不同时,用斜线分隔根部与端部的高度值,即为 $b \times h_1/h_2$,其中,$h_1$ 为梁根部较大高度值,$h_2$ 为梁根部较小高度值 |
| 注写梁箍筋<br>（必注值） | 梁箍筋包括:钢筋级别、直径、加密区与非加密区间距及肢数。<br>当为抗震箍筋时,加密区与非加密区用"/"分开,箍筋的肢数注在"（　　）"内。<br>当为非抗震箍筋,且在同一跨度内采用不同间距或肢数时,梁端与跨中部位的箍筋配置用"/"分开,箍筋的肢数注在"（　　）"内,其中近梁端的箍筋应注明道数（与间距配合自然确定了配筋范围） |

续表

| 项　目 | 内　容 |
|---|---|
| 注写梁上部通长筋或架立筋（必注值） | 架立筋通常用于非抗震梁,将架立筋注写在"(　　)"内,以表示与抗震通长筋的区别。<br>　当抗震框架梁箍筋采用 4 肢或更多肢时,由于通长筋一般仅需设置两根,所以应补充设置架立筋,此时,采用"+"将两类配筋相连。<br>　当梁下部通长筋配置相同时,可在跨中上部通长筋或架立筋后接续注写,梁下部通长筋前后用";"隔开 |
| 注写梁侧面构造纵筋或受扭纵筋（必注值） | 梁侧面构造纵筋以 G 打头,梁侧面受扭纵筋以 N 打头,注写两个侧面的总配筋值。<br>　当梁腹板高度 $h_w \geqslant 450$mm 时,梁侧面须配置纵向构造钢筋,所注规格与总根数应符合规范规定。当梁侧面配置受扭纵筋时,宜同时满足梁侧面纵向构造钢筋的间距要求,且不再重复配置纵向构造钢筋 |
| 注写梁顶面相对标高高差（选注值） | 梁顶面相对标高高差,系指相对于结构层楼面标高的高差值。对于位于结构夹层的梁则指相对于结构夹层楼面标高的高差。有高差时,须将其写入括号内。无高差时不注。<br>　当某梁的顶面高于所在结构层的楼面标高时,其标高高差为正值;反之,为负值 |

（2）梁原位标注的具体内容为四项，即：①梁支座上部纵筋；②梁下部纵筋；③附加箍筋或吊筋；④修正集中标注中某项或某几项不适用于本跨的内容，具体见表 8-2。

**梁平面注写方式原位标注的具体内容**　　　　　　　　表 8-2

| 项　目 | 内　容 |
|---|---|
| 注写梁支座上部纵筋 | 当集中标注的梁上部跨中抗震通长筋直径相同时,跨中通长筋实际为该跨两端支座的角筋延伸到跨中 1/3 净跨范围内搭接形成;当集中标注的梁上部跨中通长筋直径与该部位角筋直径不同时,跨中直径较小的通长筋分别与该跨两端支座的角筋搭接完成抗震通长筋受力功能。<br>　当梁支座上部纵筋多于一排时,用"/"将各排纵筋自上而下分开。<br>　当同排纵筋有两种直径时,用"+"将两种直径的纵筋相连,并将角部纵筋注写在前面。<br>　当梁支座两边的上部纵筋不同时,须在支座两边分别标注;当梁支座两边的上部纵筋相同时,可仅在支座一边标注配筋值,另一边省去不注。<br>　当两大跨中间为小跨,且小跨净尺寸小于左、右两大跨净尺寸之和的 1/3 时,小跨上部纵筋采取贯通全跨方式,此时,应将贯通小跨的纵筋注写在小跨中间 |

续表

| 项　　目 | 内　　容 |
|---|---|
| 注写梁上部纵筋 | 当梁下部纵筋多于一排时,用"/"将各排纵筋自上而下分开。<br>当同排纵筋有两种直径时,用"+"将两种纵筋相连,注写时角筋写在前面。<br>当下部纵筋不全部伸入支座时,将减少的数量写在括号内。<br>当在梁集中标注中已在梁支座上部纵筋之后注写了下部通长纵筋值时,则不需在梁下部重复做原位标注 |
| 注写附加箍筋或吊筋 | 在主次梁相交处,直接将附加箍筋或吊筋画在平面图中的主梁上,用线引注总配筋值(附加箍筋的肢数注在括号内) |

### 2. 梁截面注写方式

截面注写方式是指在分标准层绘制的梁平面布置图上,分别在不同编号的梁中各选一根梁用剖面号引出配筋图,并在其上注写截面尺寸和配筋具体数值的方式来表达梁平法施工图。

对所有梁进行编号,从相同编号的梁中选择一根梁,先将单边截面剖切符号及编号画在该梁上,再将截面配筋详图画在本图或其他图上。当某梁的顶面标高与该结构层的楼面标高不同时,尚应在其梁编号后注写梁顶面高差(注写规定同前)。截面配筋详图上注写截面尺寸 $b \times h$、上部筋、下部筋、侧面构造筋或受扭筋以及箍筋的具体数值时,其表达形式与平面注写方式相同。

截面注写方式既可以单独使用,也可与平面注写相结合使用。当梁平面整体配筋图中局部区域的梁布置过密时或表达异形截面梁的尺寸、配筋时,用截面注写比较方便。

## 二、施工图识读

图 8-1 所示为某办公楼在梁的平面布置图上采用平面注写方式表达梁的平法施工图。平面注写包括原位标注和集中标注。限于篇幅,仅选取图的局部进行阅读,从该图中可以看出:

KL-1 为框架梁,共两跨,无悬挑,为等截面梁,截面尺寸 $b \times h$ 为 400mm×800mm。KL-1 中箍筋直径为 8mm,非加密区间距 200mm,加密区间距 100mm,箍筋肢数为 4。梁的跨数及箍筋肢数都注写在括号内。梁的上部配置 3 根直径 25mm 和 1 根直径 12mm 的通长筋,梁的两个侧面共配置 6 根直径 12mm 的受扭纵向钢筋,每侧 3 根。

KL-1 第一跨左支座上部纵筋标注为"6$\phi$25",其中包含集中标注中的 3 根通长筋。KL-1 的第一跨下部配置 3 根直径 25mm 和 2 根直径 22mm 的纵筋,且全部伸入支座。

KL-2 也是框架梁，集中标注中"4φ22；6φ25"表示梁的上部配置 4 根直径 22mm 的通长筋，下部配置 6 根直径 25mm 的通长筋，用分号将下部纵筋和上部纵筋分隔开来。KL-2 原位标注中第一跨左支座上部纵筋标注为"10φ22 6/4"，表示纵筋布置为两排，上一排为 6φ22，下一排为 4φ22。

L-1 为非框架梁，共两跨，截面尺寸 $h$ 为 250mm×700mm。箍筋直径为 8mm，间距 200mm 箍筋肢数为 2。上部通长筋为 2φ22，第一跨配置 2φ25＋1φ22 的下部纵筋和 4 根直径 12mm 的受扭纵向钢筋。

图中未注明的附加箍筋规格同主梁箍筋。

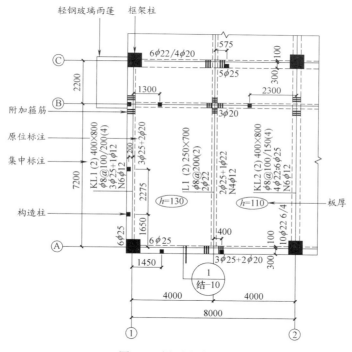

图 8-1 梁平法施工图

# 第9小时

# 屋面梁结构施工图识读

## 一、基础知识

在梁平法施工图中，各类型的梁应按表 9-1 进行编号。同时，梁编号由梁类型、代号、序号、跨数及有无悬挑代号几项组成。

梁编号                                                                                    表 9-1

| 梁类型 | 代号 | 序号 | 跨数及是否有悬挑 |
|---|---|---|---|
| 楼层框架梁 | KL | ×× | (××),(××A)或(××B) |
| 屋面框架梁 | WKL | ×× | (××),(××A)或(××B) |
| 框支梁 | KZL | ×× | (××),(××A)或(××B) |
| 非框架梁 | L | ×× | (××),(××A)或(××B) |
| 悬挑梁 | XL | — | — |
| 井字梁 | JZL | ×× | (××),(××A)或(××B) |

注：(××A) 为一端有悬挑，(××B) 为两端有悬挑，悬挑不计入跨数。

## 二、施工图识读

图 9-1 所示为某电信楼屋面框架梁的结构施工图，"WKL"为屋面框架梁的代号。限于篇幅，仅选取图的局部进行阅读，首先以完整的 WKL-11 作细致介绍：

"WKL-11"为 11 号屋面框架梁的代号和序号，"(1)"表示 WKL-11 只有一跨，框架梁的跨数以框架柱计算，两框架柱之间为一跨。"200×700"为截面尺寸 $b \times h$。"$\phi 8@100/200$ (2)"表示 WKL-11 中箍筋直径为 8mm，加密区间距为 100mm，非加密区间距为 200mm，均为两肢箍。"$2\phi 14$；$2\phi 16$"表示 WKL-11 的

上部配置 2φ14 的通长筋，下部配置 2φ16 的通长筋。当梁的上部纵筋和下部纵筋
为全跨相同且多数跨配筋相同时，可在集中标注中用 "；" 将上部与下部纵筋的
配筋值分隔开来。"G4φ12" 表示 WKL-11 的两个侧面共配置 4 根直径 12mm 的
纵向构造钢筋，每侧各配置两根。WKL-11 的两个支座均配置 3 根直径 14mm 的
上部纵筋，也称支座负弯矩筋，其中包括集中标注中的 2 根通长筋。

另一具有代表性的梁为 "KZL-2"。"KZL" 是框支梁的代号，"（2A）" 表示
此框支梁为两跨（图中截取一跨）且一端有悬挑（A）。"3φ25＋（1φ12）" 表示
KZL-2 的上部配置 3 根直径 22mm 的通长筋和一根直径 12mm 的架立筋。当同
排纵筋中既有通长筋又有架立筋时，应用 "＋" 将其相连，并将架立筋写在括号
内。该梁集中标注中有关箍筋内容不适用于它的悬挑部位，所以在其悬挑部位标
注有 "φ8@100（2）"，施工时应按该数值取用。支座标注 "4φ22/3φ20" 表示上
一排纵筋为 4φ22，下一排纵筋为 3φ20。梁下部标注 "2φ25＋1φ22" 表示该跨下
部一排布置 2 根直径 25mm 和一根直径 22mm 的纵筋。

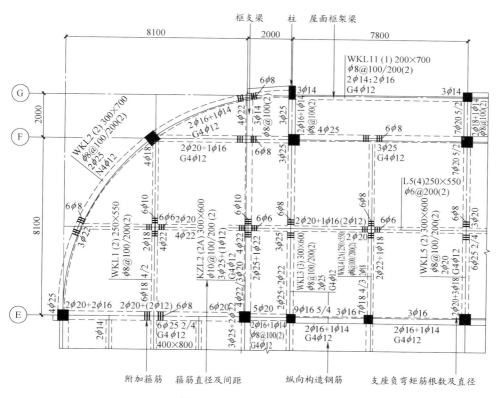

图 9-1 屋面梁结构施工图

# 第10小时

# 楼板结构布筋图识读

 一、基础知识

### 1. 编号规定

在板平法施工图中，各种类型的板编号应按表 10-1 进行编写。

板块编号 表 10-1

| 板类型 | 代号 | 序号 | 板类型 | 代号 | 序号 |
|--------|------|------|--------|------|------|
| 楼面板 | LB | ×× | 延伸悬挑板 | YXB | ×× |
| 屋面板 | WB | ×× | 纯悬挑板 | XB | ×× |

### 2. 板平面注写方式

板平面注写方式要求见表 10-2。

板平面注写方式 表 10-2

| 项 目 | | 内 容 |
|-------|---|-------|
| 板块平面注写方式 | | (1)板块集中标注；<br>(2)板支座原位标注 |
| 结构平面的坐标方向 | | (1)当两向轴网正交布置时，图面从左至右为 $X$ 向，从下至上为 $Y$ 向；<br>(2)当轴网转折时，局部坐标方向顺轴网转折角度作相应转折；<br>(3)当轴网向心布置时，切向为 $X$ 向，径向为 $Y$ 向 |
| 板块集中标注 | 板厚注写方式 | 板厚注写为 $h=×××$（为垂直于板面的厚度）。当悬挑板的端部改变截面厚度时，用斜线分隔根部与端部的高度值，注写为 $h=×××/×××$；当设计已在图注中统一注明板厚时，此项可不注 |

续表

| 项 目 | | 内 容 |
|---|---|---|
| 板块集中标注 | 贯通筋注写方式 | 贯通筋注写按板块的下部和上部分别注写(当板块上部不设贯通纵筋时则不注),并以 B 代表下部,以 T 代表上部,B&T 代表下部与上部。X 向贯通纵筋以 X 打头,Y 向贯通纵筋以 Y 打头,两项贯通纵筋配置相同时则以 X&Y 打头。当为单向板时,另一项贯通的分布筋可不必注写,而在图中统一注明 |
| | 板面标高高差的注写方式 | 板面标高高差,系指相对于结构层楼面标高的高差,应将其注写在括号内,且有高差则注,无高差不注 |
| 板支座原位标注 | | 板支座原位标注的内容为:板支座上部非贯通纵筋和纯悬挑板上部受力钢筋。<br>板支座原位标注的钢筋,应在配置相同跨的第一跨表示(当在梁悬挑部位单独配置时则在原位表达)。在配置相同跨的第一跨(或梁悬挑部位),垂直于板支座(梁或墙)绘制一段适宜长度的中粗线(当该通长筋设置在悬挑板或短跨板上部时,实线段应画至对边或贯通短跨),以该线段代表板支座上部非贯通纵筋,并在线段上方注写钢筋编号<br>配筋值、横向连续布置的跨数(注写在括号内,且当为一跨时可不注)以及是否横向布置到梁的悬挑端。<br>例如:(××A)为横向布置的跨数,(××B)为横向布置的跨数及两端的悬挑部位。<br>当中间支座上部非贯通纵筋向支座两侧对称延伸时,可仅在支座一侧线段下方标注延伸长度,另一侧不注<br>当支座两侧非对称延伸时,应分别在支座线段下方注写延伸长度 |

## 二、施工图识读

图 10-1 所示为某商办楼在标高 3.850m 处板的结构布筋图,它表明板的尺寸、位置、厚度及布筋情况等。限于篇幅,仅选取图的局部进行识读,从该图中可以看出:

⑤、⑥号轴定位轴线间的距离为 6000mm,位于它们之间有两块厚度为 120mm 的板。靠近Ⓒ轴的板布筋情况如下:板下部配置的贯通纵筋 X 向和 Y 向均为 $\phi 8@110$,板上部未配置贯通纵筋。支座负筋负筋有三种类型:$\phi 10@130$,伸出长度 1200mm;$\phi 10@110$,伸出长度 1350mm;$\phi 10@110$,伸出长度 1200mm。靠近Ⓑ轴的板布筋情况如下:板下部配置的贯通纵筋 X 向和 Y 向均为 $\phi 8@110$,板上部未配置贯通纵筋。支座负筋有三种类型:$\phi 8@100$,伸出长度

1150mm；$\phi 10@100$，伸出长度 1250mm；$\phi 10@110$，伸出长度 1200mm。

⑥ 轴与其附加轴线间的距离为 2400mm，位于它们之间有两块厚度为 100mm 的板。两块板下部配置的贯通纵筋 X 向和 Y 向均为 $\phi 8@130$，板上部均未配置贯通纵筋。靠近ⓒ轴的板支座负筋有四种类型：$\phi 10@130$，伸出长度 1200mm；$\phi 8@130$，伸出长度 950mm；$\phi 8@130$，伸出长度 900mm；$\phi 8@130$，伸出长度 800mm。靠近Ⓑ轴的板支座负筋也有四种类型：$\phi 8@100$，伸出长度 1150mm；$\phi 8@130$，伸出长度 850mm；$\phi 8@130$，伸出长度 900mm；$\phi 8@130$，伸出长度 800mm。

所有板中间支座的上部非贯通筋都是对称伸出的。

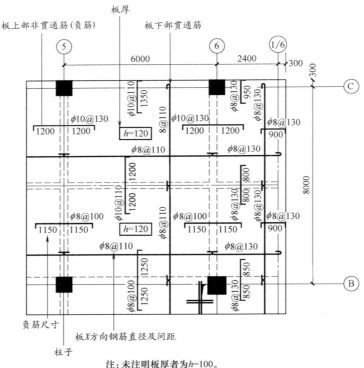

注：未注明板厚者为$h=100$。

图 10-1　楼板结构布筋图

# 第11小时

# 楼层结构平面布置图识读

## 一、基础知识

### 1. 概述

结构布置图主要是用平面图的形式来表示建筑物承重构件的布置情况。结构平面布置图包括基础平面图、楼层结构平面图和屋顶结构平面图等。

楼层结构平面图是假想沿楼板面将房屋水平剖开后所作的楼层结构水平投影图，用来表示每层楼的梁、板、柱等构件的平面布置，现浇钢筋混凝土楼板的构造与配筋，以及它们之间的结构关系等。

楼层结构平面图绘图的比例一般与建筑平面图的比例相同，其定位轴线及编号也应与建筑平面图一致。尺寸标注方面一般只标出定位轴线间的尺寸和总尺寸。

### 2. 楼层结构平面布置图的图示方法

（1）在楼层结构平面布置图中，被剖切到的或可见的构件轮廓线一般用中实线或细实线表示；被楼板挡住的墙、柱轮廓线用细虚线表示；预制楼板的平面布置情况一般用细实线表示；墙内圈梁及过梁用粗单点长画线表示；承重梁需表示其外形投影，且不可见时用细虚线表示；钢筋在结构平面图上用粗实线表示。

（2）楼层（屋顶）结构平面布置图的定位轴线、比例应与建筑平面图一致，并标注结构层上表面的结构标高。预制楼板按实际情况标注板的数量和构件代号。现浇楼板可另绘详图，并在结构平面图上标明板的代号，或者把结构平面图与板的配筋图合二为一，在结构平面图上直接绘出钢筋，并标明钢筋编号、直径、级别、数量等。

**3. 表达内容**

楼层结构平面图的比例与建筑平面图的比例相同,常用 1：100、1：200、1：50 的比例。

钢筋混凝土楼层可分为预制装配式和现浇整体式两类。

结构平面图的主要内容包括:

(1) 轴线。楼层平面图中的轴线与建筑平面图一致,标注轴线编号、轴线间尺寸和轴线总尺寸。

(2) 墙、柱、梁的平面位置。梁要标注编号。

(3) 预制板的代号、型号、数量、布置情况等。

(4) 现浇板的钢筋布置情况。

(5) 圈梁、过梁的位置及编号。

(6) 文字说明。

**4. 楼层结构平面布置图的识读**

阅读楼层结构平面布置图时,应从以下几个方面入手:

(1) 了解图名和比例。

(2) 了解定位轴线及其编号是否与建筑平面图相一致。

(3) 了解结构层中楼板的平面位置和组合情况。在楼层结构平面布置图中,板的布置通常是用对角线(细实线)来表示板的布置范围。

(4) 了解梁的平面布置和编号、截面尺寸等情况。

(5) 了解现浇板的厚度、标高及支承在墙上的长度。

(6) 了解现浇板中钢筋的布置及钢筋编号、长度、直径、级别、数量等。

(7) 了解各节点详图的剖切位置。

(8) 了解楼层结构平面布置图上梁、板的标高,注意圈梁、过梁、构造柱等的布置情况。

**5. 其他结构平面图的识读**

(1) 屋顶结构平面图。屋顶结构平面图是表示屋面承重构件平面布置的图样,其内容和图示要求与楼面结构平面图基本相同。由于屋面排水的需要,屋面承重构件可根据需要按一定的坡度布置,并设置天沟板。此外,屋顶结构平面图中常附有屋顶水箱等结构,以及上人孔等。

(2) 柱、吊车梁、连系梁或墙梁、柱间支撑结构布置图。单层厂房应画出柱、吊车梁、柱间支撑的结构平面布置图,还需另外画出外墙连系梁或墙梁、柱间支撑的结构立面布置图。

（3）屋架及支撑结构布置图。单层厂房的跨度较大，一般设有屋架及屋架支撑。屋架及支撑结构布置图除了由平面图表示外，还需另画出它们的纵向垂直剖面图。屋架及支撑平面图也可以与屋面结构平面图合并在一起绘制。

## 二、施工图识读

图 11-1 所示为某楼层结构平面图。限于篇幅，仅选取图的局部进行识读，从该图中可以看出：

该楼属于框架结构体系，框架柱布置在纵、横向定位轴线相交的位置，框架梁以框架柱为支座，板搭在梁上。楼梯间的板另有详图。每块楼板的厚度及配筋已在图中详细标出，相邻板若上部配筋相同，则中间不断开，采用一根钢筋跨两侧放置。

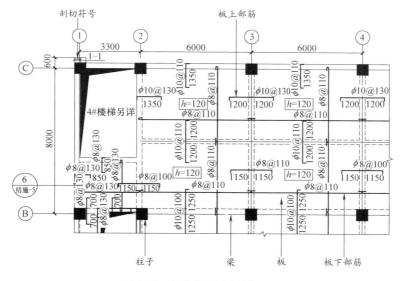

图 11-1 结构平面布置图（一）

图 11-2 所示为某楼层结构平面图。限于篇幅，选取图的局部进行识读，从该图中可以看出：

图中虚线表示板底下的梁，该楼属于框架结构体系，故未设置圈梁、构造柱。图中未注明的楼板厚度为 100mm。板中钢筋的规格、尺寸及布置间距已在图中详细标出，相邻板若上部配筋相同，则中间不断开采用一根钢筋跨两侧放置。

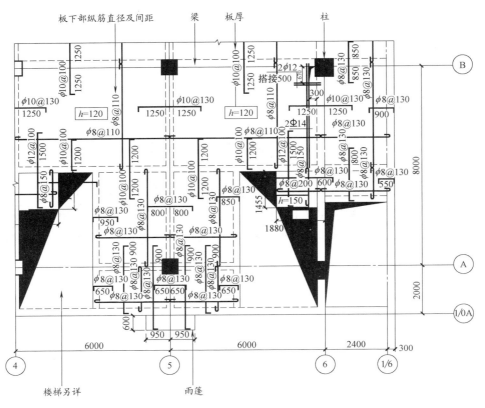

图 11-2　结构平面布置图（二）

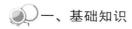

# 第12小时

# 现浇板楼面结构平面图识读

## 一、基础知识

### 1. 现浇板简介

现浇板是指在现场搭好模板，在模板上放置钢筋，再在模板上浇筑混凝土，然后再拆除模板。

楼板的作用是分隔楼层，承受并传递楼面荷载。同时还有隔热、隔声和防水等作用。现浇板层和预制楼板比起来，能增强房屋的整体性及抗震性，具有较大的承载力。

### 2. 现浇钢筋混凝土楼板类型

现浇钢筋混凝土楼板具有整体性好，抗震能力强，可以是不规则形状，便于留孔（空）洞，布置管线方面等优点，具有模板用量大、施工速度慢等缺点。

现浇混凝土楼板类型见表 12-1。

| 现浇混凝土楼板类型 | 表 12-1 |
|---|---|

| 现浇楼板类型 | 特 点 |
|---|---|
| 板式楼板 | (1)单向板：板的长边与短边之比大于2，板内受力钢筋沿短边方向布置，板的长边承担板的荷载。<br>(2)双向板：板的长边与短边之比不大于2，荷载沿双向传递，短边方向内力较大，长边方向内力较小，受力主筋平行于短边并摆在下面。如图12-1所示。<br>(3)板式楼板的厚度一般不超过120mm，经济跨度在3000mm之内。<br>(4)适用于小跨度房间，如走廊、厕所和厨房等。 |

| 现浇楼板类型 | 特　　点 |
|---|---|
| 板式楼板 | 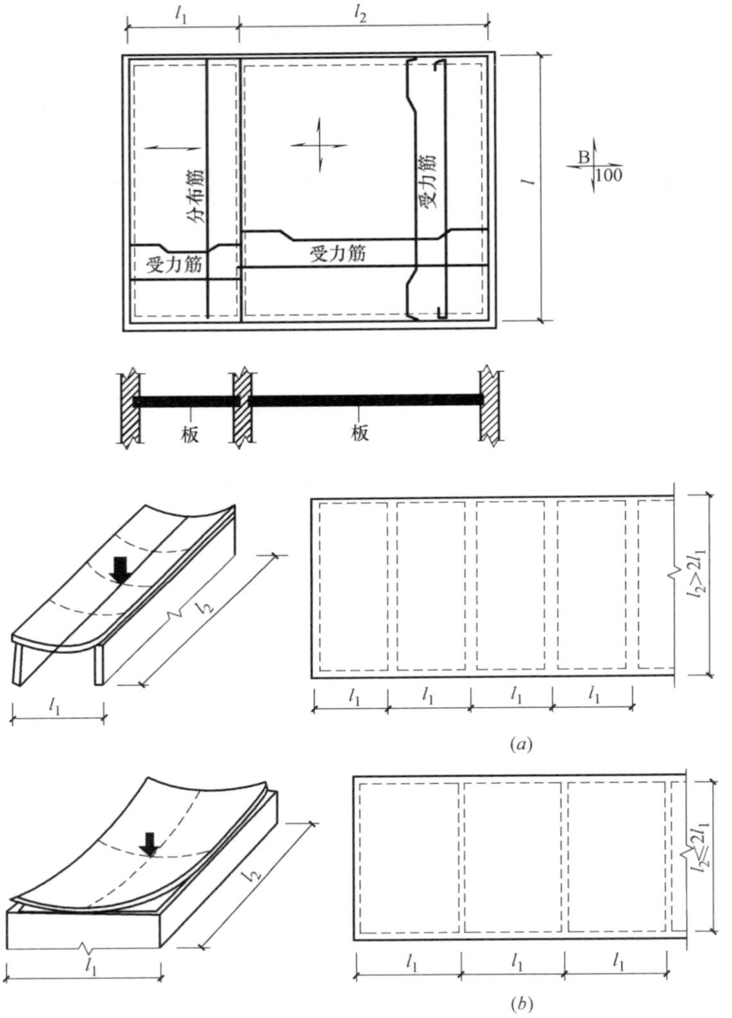 图 12-1　单向板和双向板<br>(*a*)单向板；(*b*)双向板 |
| 肋形楼板 | 楼板内设置梁,梁有主梁和次梁,主梁沿房间布置,次梁与主梁一般垂直相交,板搁置在次梁上,次梁搁置在主梁上,主梁搁置在墙或柱上,所以板内荷载通过梁传至墙或者柱子上,适用于厂房等大开间房间,如图 12-2 所示。 |

续表

| 现浇楼板类型 | 特 点 |
|---|---|
| 肋形楼板 | 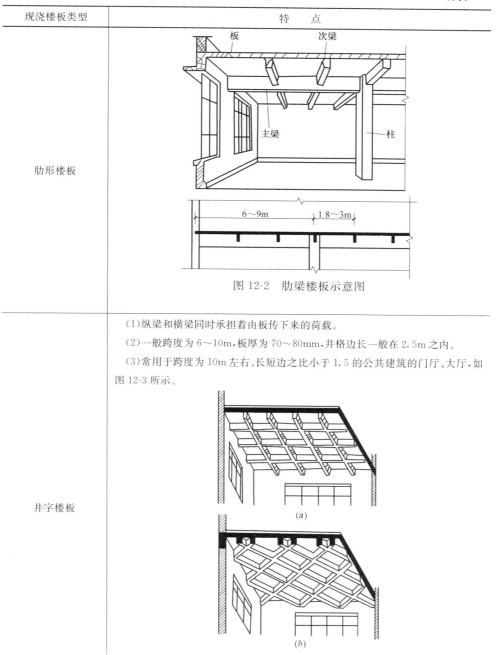图 12-2 肋梁楼板示意图 |
| 井字楼板 | (1)纵梁和横梁同时承担着由板传下来的荷载。<br>(2)一般跨度为 6～10m,板厚为 70～80mm,井格边长一般在 2.5m 之内。<br>(3)常用于跨度为 10m 左右、长短边之比小于 1.5 的公共建筑的门厅、大厅,如图 12-3 所示。<br><br>图 12-3 肋梁楼板<br>(a)正井式;(b)斜井式 |

续表

| 现浇楼板类型 | 特 点 |
|---|---|
| 无梁楼板 | 柱网一般布置为正方形或矩形,柱距以 6m 左右较为经济。为减少板跨,改善板的受力条件和加强柱对板的支承作用,一般在柱的顶部设柱帽或托板。由于其板跨较大,板厚不宜小于 120mm,一般为 160～200mm。适宜于活荷载较大的商店、仓库、展览馆等建筑,如图 12-4 所示。<br>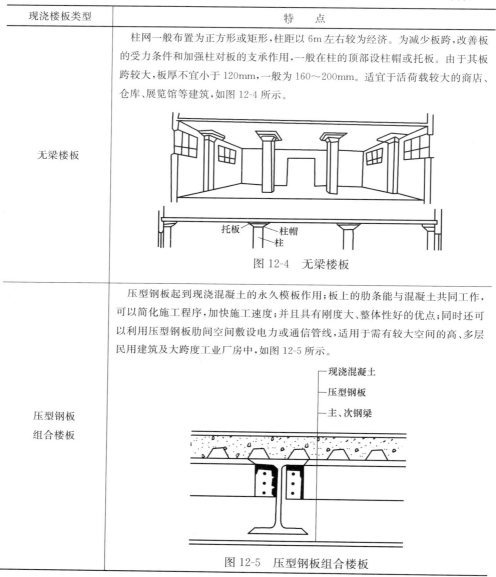<br>图 12-4 无梁楼板 |
| 压型钢板组合楼板 | 压型钢板起到现浇混凝土的永久模板作用;板上的肋条能与混凝土共同工作,可以简化施工程序,加快施工速度;并且具有刚度大、整体性好的优点;同时还可以利用压型钢板肋间空间敷设电力或通信管线,适用于需有较大空间的高、多层民用建筑及大跨度工业厂房中,如图 12-5 所示。<br><br>图 12-5 压型钢板组合楼板 |

**3. 现浇楼板楼面平面图识读**

现浇楼板楼面平面图内容包括:

(1) 轴线。楼层平面图中的轴线与建筑平面图一致,标注轴线编号、轴线间尺寸和轴线总尺寸。

(2) 墙、柱、梁的平面位置。梁要标注编号。

（3）现浇板的钢筋布置情况。

（4）圈梁、过梁的位置及编号。

（5）文字说明。

## 二、施工图识读

图 12-6 是现浇板楼面结构平面图，图中的轴线编号及轴间尺寸与建筑图相同，采用 1∶100 的比例。横轴是①～④轴线，总长是 9900mm，纵轴是ⓒ～ⓔ轴线，总长是 6300mm。

图中的虚线表示板底下的梁，由于该办公楼采用框架的结构体系，故未设置圈梁、构造柱。门窗的上表面与框架梁底在同一高度，也未设置过梁。整个楼板厚度除阳台部位为 100mm 外，其余部位为 110mm。图中还注明了卫生间部位的结构标高比其他部位低 20mm。图中共标注出了 7 种板，均为现浇板，柱子涂黑表示。板内配筋图中均已标出，相邻板若上部配筋相同，则中间不断开采用一根钢筋跨两侧设置。

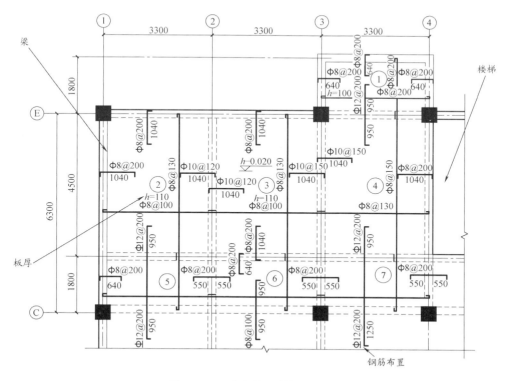

图 12-6　现浇板楼面结构平面图

# 第13小时

# 预制板楼面结构平面图识读

 一、基础知识

### 1. 预制板简介

因为是在工厂加工成型后直接运到施工现场进行安装，所以叫做预制板。

预制板，就是工程要用到的模件或模板。制作预制板时，先用木板钉制空心模型，在模型的空心部分布上钢筋后，用水泥混凝土灌满空心部分，等干后拆去木板，剩下的就是预制板了。

预制板的尺寸包括的内容见表13-1。

预制板的尺寸 表 13-1

| 尺寸 | 内　　　容 |
| --- | --- |
| 跨度 | 住宅用最长的为 4.2m，不讲模数，超过了需要定做 |
| 宽度 | 以 500mm 和 600mm 为多。长度一般是按 300mm 的模数，如 3000、3300、3600、3900、4200mm，但也有特殊的，如 3800、4000mm 的，但普通板最长是 4200mm 的。宽度一般是四孔 400mm，五孔 500mm |
| 厚度 | 常见的为 120mm、150mm |
| 承受活荷载等级 | 一般住宅用两种级别规格的板，一级板和二级板，一级板是可以承受的活荷载为 $1kN/m^2$；二级板，可以承受的活荷载是 $2kN/m^2$ |

### 2. 预制钢筋混凝土楼板

预制钢筋混凝土楼板分类见表13-2。

### 3. 预制板优点

使用预制板可缩短工期，减少造价等。预制空心板并不是都不承重，在板头处也要承受上面的荷载，所以在板头要加上堵头。预制空心板板缝也有一定的规定，一般是缝宽小于 30mm 不合格，30～50mm 合格，50～110mm 板缝要加筋，大于 110mm 小于 500mm 要做成板带。

预制钢筋混凝土楼板分类                    表 13-2

| 分类 | 特　点 |
|------|--------|
| 实心平板 | 板的两端支承在墙或柱上，板厚一般为 50～80mm，跨度在 2.4m 一类为宜，板宽约为 500～900mm，宜用于跨度小的走廊板、楼梯平台板、阳台板、管沟盖板等处 |
| 槽形板 | 具有自重轻、省材料、造价低，便于开孔等优点 |
| 空心板 | (1) 是一种梁板结合的预制构件，其结构计算理论与槽形板相似，两者材料消耗也相近，但空心板上下板面平整，且隔声效果优于槽形板。<br>(2) 非预应力空心板的长度为 2.1～4.2m，板厚有 120mm、150mm、180mm 等。预应力空心板可制成 4.5～6m 的长向板，板厚一般为 180mm 或 200mm，板宽有 600、900、1200mm 等 |

4. 预制板表示

预制板的楼面结构平面图中要画出预制板的轮廓，在楼板的范围内画一条对角线，沿对角线注写预制板的数量、代号、规格等。对布置相同情况预制板的板块编写相同的编号，可以只标注一次。

5. 预制板结构平面图识读

预制板结构平面图内容包括：

（1）轴线。楼层平面图中的轴线与建筑平面图一致，标注轴线编号、轴线间尺寸和轴线总尺寸。

（2）墙、柱、梁的平面位置。梁要标注编号。

（3）预制板的代号、型号、数量、布置情况等。

（4）圈梁、过梁的位置及编号。

（5）文字说明。

## 二、施工图识读

图 13-1 是预制板楼面结构平面图，比例为 1：100，横轴是①～⑦轴线，总长是 21100mm，纵轴是Ⓐ～Ⓒ轴线，总长是 12000mm。图中涂黑的代表钢筋混凝土构造柱，共有 GZ-1、GZ-2、GZ-3 三种，由于配筋比较简单，具体配筋情况是采用断面图的形式表示的。

图中门或窗洞口的上方为过梁，有 GL-7241 和 GL-7243 两种。GL-7241 其中"GL"表示过梁,"7"表示过梁所在的墙厚为370mm,"24"表示过梁下墙洞口宽度2400mm,"1"表示过梁荷载等级为1级;GL-7243,其中"GL"表示过梁,"7"表示过梁所在的墙厚为370mm,"24"表示过梁下墙洞口宽度2400mm,"3"表示过梁荷载等级为3级。图中还标注出三种现浇梁:XL-1、XL-2、XL-3。图中Ⓐ轴线上的粗实线表示雨篷梁及端部的压梁,分别用代号YPL、YL-1、YL-2表示。预制板共有三种形式:分别编号①、②、③。①号板"6Y-KB359-1",其中"6"表示布置6块预制板,"YKB"表示预应力多孔板,"35"表示板的长度为3500mm,"9"表示板宽为900mm,"1"表示荷载等级为1级。②号板表示布置4块长度3500mm、宽度1200mm和1块长度3500mm、宽度900mm,荷载等级都是1级的预应力多孔板。③号板表示布置4块长度3600mm、宽度1200mm和1块长度3600mm、宽度900mm,荷载等级都是1级的预应力多孔板。由于在Ⓑ轴线上有构造柱GZ-3,无法放预制板,故在此现浇一板带。板带下配6根直径14mm的HRB335级钢筋,分布筋为直径6mm的HPB300级钢筋,间距200mm。

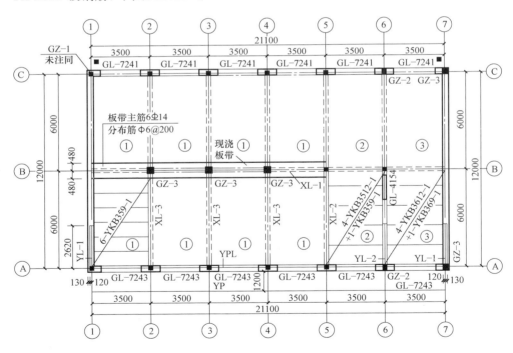

图 13-1　预制板楼面结构平面图

# 第14小时

# 现浇雨篷板结构图识读

## 一、基础知识

1. 雨篷概述

雨篷是设置在建筑物进出口上部的遮雨、遮阳篷，建筑物入口处和顶层阳台上部用以遮挡雨水和保护外门免受雨水浸蚀的水平构件。雨篷梁是典型的受弯构件。雨篷有三种形式：

（1）小型雨篷，如悬挑式雨篷、悬挂式雨篷。

（2）大型雨篷，如墙或柱支承式雨篷，一般可分为玻璃钢结构和全钢结构。

（3）新型组装式雨篷。

2. 雨篷板的设计

雨篷板是固定于雨篷梁上的悬挑板，其承载力按受弯构件计算。雨篷的计算跨度取板的挑出长度。计算单元取 1m 板带，计算截面取板的根部。雨篷板的截面高度即雨篷板的厚度可取挑出长度的 $1/12 \sim 1/10$，且 $\geqslant 80mm$，若采用变厚度板，则板的悬臂端厚度应不小于 50mm。

计算时按下列两种荷载组合情况考虑：

（1）均布活荷载和雪荷载中的较大者与恒荷载组合。

（2）恒荷载加施工或检修集中荷载。

## 二、施工图识读

图 14-1 所示为现浇雨篷板（YPB1）的结构详图。它是采用一个剖面图来表示的非定型的现浇构件。YPB1 是左端带有外挑板（轴线①的左面部分）的两跨连续板，它支撑在外挑雨篷梁（YPL2A、YPL4A、YPL2B）上。由于建筑上要求，雨篷板的板底做平，故雨篷梁设在雨篷板的上方（称为反梁）。YPL2A、

YPL4A 是矩形截面梁，梁宽为 240mm，梁高为 200～300mm；YPL2B 为矩形等截面梁，断面为 240mm×300mm。

　　雨篷板（YPB1）采用弯起式配筋，即板的上部钢筋是由板的下部钢筋直接弯起，为了便于识读板的配筋情况，现把板中受力筋的钢筋图画在配筋图的下方。在钢筋混凝土构件的结构详图中，除了配筋比较复杂外，一般不另画钢筋图。板的配筋图中除了必须标注出板的外形尺寸和钢筋尺寸外，还应注明板底的结构标高。当结构平面图采用较大比例（如 1∶50）时，也可以把现浇板配筋（受力筋）的钢筋图直接画在板的平面图上，从而省略了板的结构详图。

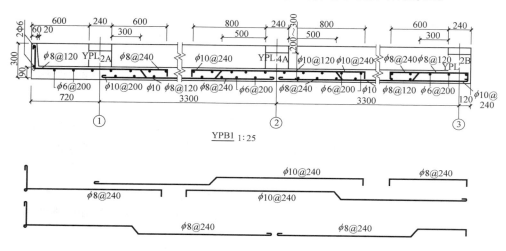

图 14-1　雨篷板结构详图

# 第15小时

# 有梁楼盖板平法施工图识读

## 一、基础知识

板块集中标注包括板块编号、板厚、贯通纵筋以及当板面标高不同时的标高高差等内容。贯通纵筋按板块的下部和上部分别注写（当板块上部不设贯通纵筋时则不注），以 B 代表下部，以 T 代表上部，B&T 代表下部与上部；X 向贯通纵筋以 X 打头，Y 向贯通纵筋以 Y 打头，两向贯通纵筋配置相同时则以 X&Y 打头（当两向轴网正交布置时，图面从左至右为 X 向，从下至上为 Y 向）。当为单向板时，另一向贯通的分布筋可不标注，而在图中统一注明。当在某些板内配置有构造筋时，则 X 向以 $X_c$，Y 向以 $Y_c$ 打头注写。

标注时，应在配置相同跨的第一跨表达，垂直于板支座（梁或墙）绘制一段长度适当的中粗实线，以该线段代表支座上部非贯通纵筋，在线段上方注写钢筋编号，配筋值，横向连续布置的跨数（注写在括号内，一跨时可不注）。在一个部位注写清楚后，对其他相同者仅需在代表钢筋的线段上注写编号及横向连续布置的跨数即可。

板支座上部非贯通筋自支座中线向跨内的延伸长度，注写在线段的下方位置。当中间支座上部非贯通纵筋向支座两侧对称延伸时，可仅在支座一侧线段下方标注延伸长度，另一侧不注。

## 二、施工图识读

图 15-1 所示为有梁楼盖板的平法施工图。限于篇幅，仅截取图的局部进行识读，读图可知：

图中的 "LB1 $h=100$ B：$X$&$Y\phi8@150$ T：$X$&$Y\phi8@150$" 表示 1 号楼面板，板厚 100mm，板上、下部均配置了 $\phi8@150$ 的双向贯通纵筋，楼面板相对

于结构层楼面无高差。

垂直于板支座（梁或墙）的一段中粗实线代表支座上部非贯通纵筋，线段上方注写了钢筋编号、配筋值、横向连续布置的跨数（注写在括号内，一跨时可不注）。

板支座上部非贯通筋自支座中线向跨内的延伸长度，注写在线段的下方位置。当中间支座上部非贯通纵筋向支座两侧对称延伸时，可仅在支座一侧线段下方标注延伸长度，另一侧不注。

图 15-1 所示 LB2 内支座上部配置非贯通筋，①号筋为"φ8@150"，自支座中线向一侧跨内延伸，长度为 1000mm；②号筋为"φ10@100"，自支座向两侧跨内对称延伸，长度均为 1800mm。LB3 内支座上部配置⑧号非贯通筋，为"φ8@100"，向跨内延伸长度为 1000mm，横向连续布置两跨。

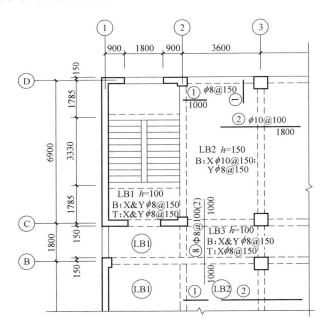

图 15-1　有梁楼盖板平法施工图

# 第16小时

# 楼梯结构剖面图识读

一、基础知识

### 1. 楼梯的结构形式

楼梯的结构形式主要有现浇钢筋混凝土楼梯和预制装配式钢筋混凝土楼梯，其特点见表 16-1。

楼梯的结构形式及其特点 表 16-1

| 结 构 形 式 | 特 点 |
|---|---|
| 现浇钢筋混凝土楼梯 | 现浇钢筋混凝土楼梯的整体性好，刚度大，有利于抗震，但模板耗费大，施工周期长。适用于抗震要求高、楼梯形式和尺寸变化多的建筑物。现浇钢筋混凝土楼梯按楼段的结构形式分类，见表 16-2 |
| 预制装配式钢筋混凝土楼梯 | （1）梯段<br>1）梁板式梯段<br>①踏步板的断面形式，见表 16-3。<br>②斜梁：斜梁一般为矩形断面。为了减少结构所占空间，也可做成锯齿形断面，但构件制作较复杂。用于搁置一字形、L 形、倒 L 形断面踏步板的梯斜梁为锯齿形变断面构件。用于搁置三角形断面踏步板的斜梁为矩形断面构件。斜梁以按 $L/12$ 估算其断面有效高度，$L$ 为斜梁水平投影跨度。<br>2）板式梯段<br>板式梯段为带踏步的钢筋混凝土锯齿形板，其上下端直接支承在平台梁上，其有效断面厚度可按板跨 $1/12 \sim 1/30$ 估算。由于梯段板厚度小，且无斜梁，所以梯段底面平整，使平台梁截面高度相应减小，从而增大了平台下净空高度。<br>为了减轻梯段板自重，也可将梯段板做成空心构件，有横向抽孔和纵向抽孔两种方式。横向抽孔较纵向抽孔合理易行，较为常用。 |

续表

| 结 构 形 式 | 特 点 |
| --- | --- |
| 预制装配式钢筋混凝土楼梯 | (2)平台梁。<br>　为便于支承斜梁或梯段板,平衡梯段水平分力并减少平台梁所占结构空间,一般将平台梁做成L形断面,其构造高度按 $L/12$ 估算,$L$ 为平台梁跨度。<br>(3)平台板<br>　平台板可根据需要采用钢筋混凝土空心板、槽板或平板。应注意在平台上有管道井处,不宜布置空心板。平台板宜平行于平台梁布置,以利于加强楼梯间整体刚度。当垂直于平台梁布置时,常用小平板 |

现浇钢筋混凝土楼梯按楼段的结构形式分类　　　　　表 16-2

| 类型 | 内 容 |
| --- | --- |
| 板式楼梯 | 板式楼梯通常由梯段板、平台梁和平台板组成。梯段板是带踏步的斜板,承受梯段的全部荷载,并通过平台梁将荷载传给墙体或柱子。必要时,也可取消梯段板一端或两端的平台梁,使平台板与梯段板连为一体,形成折线形的板,直接支承于墙或梁上 |
| 梁板式楼梯 | 梁板式楼梯段是由踏步板和梯段斜梁(简称梯梁)组成。梯段的荷载由踏步板传递给梯梁,梯梁再将荷载传给平台梁,平台梁将荷载传给墙体或柱子 |

踏步板断面形式　　　　　表 16-3

| 断面形式 | 示 意 图 |
| --- | --- |
| 一字形 | 填实或漏空 |
| 倒 L 形 | |
| L 形 | |

续表

| 断面形式 | 示　意　图 |
|---|---|
| 三角形 | |

### 2. 楼梯的设计要点

（1）楼梯设计的一般规定

1）公共楼梯设计的每段梯段的步数不超过 18 级，不少于 3 级。

2）梯段的踢面高度不应超过 180mm。作为疏散楼梯时，规范还规定了不同类型建筑楼梯踏步高度的上限和深度的下限，如住宅不得超过 175mm×260mm，商业建筑不得超过 160mm×280mm 等。

3）楼梯的梯段净宽（指墙边到扶手中心线的距离），按每股人流 550mm＋（0～150mm）；不同类型的建筑按楼梯的使用性质需要不同的梯段净宽。一般一股人流宽度大于 900mm，两股人流宽度为 1100～1400mm，三股人流宽度为 1650～2100mm，公共建筑均不应少于两股人流。

4）楼梯的平台深度不应小于其梯段的宽度。

5）在有门开启的出口处和有结构构件凸出处，楼梯平台应适当放宽。

6）楼梯的梯段下面的净高不得小于 2200mm；楼梯的平台处净高不得小于 2000mm。

（2）楼梯设计的一般步骤

楼梯设计的一般步骤，见表 16-4。

楼梯设计的一般步骤　　　　　　　　　　　　　　　　表 16-4

| 步骤 | 内　容 |
|---|---|
| 决定层间梯段段数及其平面转折关系 | 在建筑物的层高及平面布局已确定的情况下,楼梯的平面转折关系由楼梯所在的位置及交通的流线决定。楼梯在层间的梯段数必须符合交通流线的需要,且每个梯段所有的踏步数应在规范所规定的范围内 |

续表

| 步骤 | 内 容 |
|------|------|
| **按照规范要求通过试商决定层间的楼梯踏步数** | 根据所设计建筑物的性质,用相关规范所规定的楼梯踏步踢面高度的上限对建筑层高进行试商,经调整可得出层间的楼梯踏步数。将其分配到各个梯段中,就可确定梯段的长短。<br><br>由于梯段与平台之间存在高差,因此在楼梯平面图中,应将一条线看成是一个高差,如果某梯段有 $n$ 个踏步的话,即该梯段的长度为踏步深 $b \times (n-1)$。<br><br>如果整个建筑物的各层层高有变化,则不同的梯段间踏步的踢面高度可略有不同,但差别不宜太大,否则会影响其安全使用,且每个梯段中踏步的高度应一致。<br><br>对于诸如圆形楼梯踏步两端宽度不一,特别是内径较小的楼梯来说,为了行走的安全,需将梯段的宽度加大。即当梯段的宽度<1100mm 时,以梯段的中线为衡量标准;当梯段的宽度>1100mm 时,以距其内侧 500～550mm 处为衡量标准,作为踏面的有效宽度 |
| **决定整个楼梯间的平面尺寸** | 根据楼梯在紧急疏散时的防火要求,楼梯需设置在符合防火规范规定的封闭楼梯间内。扣除墙厚后,楼梯间的净宽度为梯段总宽度及中间的楼梯井宽度之和,楼梯间的长度为平台总宽度与最长的梯段长度之和。<br><br>当楼梯平台通向多个出入口或有门向平台方向开启时,楼梯平台的深度应适当加大以防碰撞。若梯段需设两道及两道以上的扶手或扶手按照规定必须伸入平台较长距离时,应考虑扶手设置对楼梯和平台净宽的影响 |
| **用剖面设计检验楼梯的平面设计** | 楼梯在设计时必须单独进行剖面设计,以检验其通行的可能性、与主体结构交汇处有无构件布置方面的矛盾,以及其下面的净空高度是否符合规范要求。若发现问题,应及时修改 |

##  二、施工图识读

图 16-1 所示为 2 号梯板的结构剖面图,它表明剖切到的梯段配筋、楼梯梁的布置及梯段的外形尺寸等。从该图中可以看出:

"TB"为梯板的代号。

踏步宽度为 289mm, 高度为 180mm, 梯板的水平投影长度为 2600mm, 厚度为 110mm。梯板中有下部纵向钢筋、上部纵向钢筋和分布筋三种。上部纵向钢筋直径为 10mm, 布筋间距为 120mm, 下部纵向钢筋直径为 12mm, 布筋间距为 120mm, 分布筋直径为 6mm, 布筋间距为 200mm。

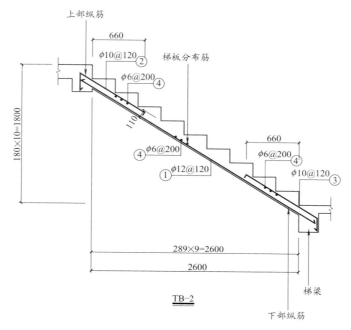

图 16-1 某梯板结构剖面图

# 第17小时

# 楼梯结构平面图识读

 一、基础知识

1. 楼梯的组成

（1）楼梯的组成部分具体见表 17-1。

楼梯的组成部分        表 17-1

| 楼梯组成部分 | 内　　　容 |
|---|---|
| 楼梯梯段 | 设有踏步，以供层间上下行走的通道段落，称为梯段。一个梯段称为一跑。梯段上的踏步按供行走时踏脚的水平部分和形成踏步高差的垂直部分称作踏面和踢面。楼梯的坡度就是由踏步的高度和宽度形成的 |
| 楼梯平台 | 楼梯平台指连接两个梯段之间的水平部分，是用来供楼梯转折、连通某个楼层或供使用者在攀登一定的距离后稍作休息的平台。平台的标高可与某个楼层相一致，也可介于两个楼层之间。与楼层标高相一致的平台称之为正平台，介于两个楼层之间的平台称之为半平台 |
| 扶手栏杆（板） | 为了在楼梯上行走的安全，在梯段和平台的临空边缘应设置栏杆或栏板，其顶部设依扶用的连续构件，称为扶手 |

（2）楼梯的坡度。

楼梯的坡度与建筑物的性质有关，主要依据是建筑物内主要使用人群的体征状况以及通行的情况。不同类型的建筑物给出了楼梯踏步最小宽度和最大高度，具体见表 17-2。

楼梯踏步最小宽度和最大高度        表 17-2

| 楼梯类型 | 最小宽度（m） | 最大高度（m） |
|---|---|---|
| 住宅公用楼梯 | 0.26 | 0.175 |
| 幼儿园、小学校等楼梯 | 0.26 | 0.15 |

续表

| 楼梯类型 | 最小宽度(m) | 最大高度(m) |
|---|---|---|
| 电影院、剧场、体育馆、商场、医院、旅馆和大中学等楼梯 | 0.28 | 0.16 |
| 其他建筑楼梯 | 0.26 | 0.17 |
| 专用疏散楼梯 | 0.25 | 0.18 |
| 服务楼梯、住宅套内楼梯 | 0.22 | 0.20 |

注：无中柱螺旋楼梯和弧形楼梯离内测扶手中心0.25m的踏步宽度不应小于0.22m。

楼梯的常用坡度范围在25°～45°，其中以30°左右较为适宜。如公共建筑中的楼梯及室外的台阶常采用26°34′的坡度，即踢面高与踏面深之比为1∶2。居住建筑的户内楼梯可达到45°。坡度达到60°以上的属于爬梯的范围。坡道的坡度一般都在15°以下，若坡度在6°或在1∶12以下的，属于平缓的坡道。坡道的坡度达到1∶10以上，应采取相应的防滑措施。

2. 楼梯的细部构造

楼梯的细部构造包括两部分，具体见表17-3。

**楼梯的细部构造** 表 17-3

| 细部构造 | 内　容 |
|---|---|
| 踏步面层及防滑构造 | 楼梯踏步面层应便于行走、耐磨、防滑并保持清洁。踏步面层的材料，应与门厅或走道的楼地面材料一致。为防止行人使用楼梯时滑倒，踏步表面应有防滑措施，特别是人流量大或踏步表面光滑的楼梯，必须对踏步表面进行处理。防滑处理的方法是在接近踏口处设置防滑条，防滑条的材料主要有：金刚砂、陶瓷锦砖、橡胶条和金属条等，也可用带槽的金属材料包住踏口，既防滑又起保护作用。在踏步两端靠近栏杆(或墙)100～150mm处不设防滑条 |
| 栏杆的构造 | (1)空花栏杆。空花栏杆一般采用圆钢、方钢、扁钢和钢管等金属材料做成。常用断面尺寸为：圆钢φ16～φ25mm，方钢15～25mm，扁钢(30～50)mm×(3～6)mm，钢管φ20～φ50mm。<br>　在儿童活动的场所，为防止儿童穿过栏杆空隙发生危险事故，栏杆垂直杆件间的净距不应大于110mm，且不应采用易于攀登的花饰。<br>　栏杆与梯段应有可靠的连接方法，见表17-4。<br>(2)栏板。钢丝网水泥栏板是在钢筋骨架的侧面铺钢丝网，抹水泥砂浆而成。砖砌栏板是用砖侧砌成1/4砖厚，为增加其整体稳定性，宜在栏板中加设钢筋网，并用现浇的钢筋混凝土扶手连成整体<br>(3)组合式栏杆。组合式栏杆是将空花栏杆与栏板组合而成的一种栏杆形式。其中空花栏杆多用金属材料制作，栏板可用钢筋混凝土板、砖砌栏板、有机玻璃等材料制成 |

栏杆与梯段的连接方法                                    表 17-4

| 方　法 | 内　容 |
|---|---|
| 预埋件焊接 | 将栏杆的立杆与梯段中预埋的钢板或套管焊接在一起 |
| 预留孔洞插接 | 将端部做成开脚或倒刺插入梯段预留的孔洞内,用水泥砂浆或细石混凝土填实 |
| 螺栓连接 | 用螺栓将栏杆固定在梯段上,固定方式有多种,如用板底螺帽栓紧贯穿踏板的栏杆等 |

3. 构件详图表达的内容

(1) 钢筋混凝土构件结构详图的表达内容

钢筋混凝土构件结构详图的主要内容包括:

1) 构件代号、图名,比例。

2) 构件定位轴线及其编号。

3) 构件的形状、大小和预埋件代号及布置,当构件的外形比较简单,又无预埋件时,可只画配筋图来表示构件的形状和钢筋配置。

4) 梁、柱的结构详图通常由立面图和断面图组成,板的结构详图一般只画它的断面图或剖面图,也可把板的配筋直接画在结构平面图中。

5) 构件外形尺寸、钢筋尺寸和构造尺寸以及构件底面的结构标高。

6) 各结构构件之间的连接详图。

7) 施工说明等。

(2) 楼梯结构详图的表达内容

1) 楼梯平面图表明各构件(如楼梯梁、梯段板、平台板以及楼梯间的门窗过梁等)的平面布置和代号、大小和定位尺寸以及它们的结构标高。

2) 楼梯剖面图表明各构件的竖向布置和构造、梯段板和楼梯梁的形状和配筋(当平台板和楼板为现浇板时的配筋)、断面尺寸、定位尺寸和钢筋尺寸以及各构件底面的结构标高等。

3. 楼梯平面图识读步骤

楼梯平面图的识读步骤如下:

(1) 了解楼梯在建筑平面图中的位置及有关轴线的布置。

(2) 了解楼梯的平面形式和踏步尺寸。

(3) 了解楼梯间各楼层平台、休息平台面的标高。

(4) 了解中间层平面图中三个不同梯段的投影。

(5) 了解楼梯间墙、柱、门、窗的平面位置、编号和尺寸。

(6) 了解楼梯剖面图在楼梯底层平面图中的剖切位置。

## 二、施工图识读

图 17-1 是某建筑楼梯结构平面图，图中楼梯宽为 2400mm，长为 4800mm。墙厚为 240mm，柱子断面尺寸 240mm×240mm，楼梯间窗洞口宽度为 1200mm，距离墙墩的距离为 600mm，平台板宽度为 1200mm 和 960mm，踏步宽度 300mm。平台板处负筋采用 $\phi8@200$，底筋采用 $\phi8@200$ 和 $\phi6@300$。图中柱子涂黑表示。

为了表示楼梯梁、梯段板和平台板的平面布置，通常把剖切位置放在层间楼梯平台的上方；底层楼梯平面图的剖切位置在一、二层间楼梯平台的上方；二层楼梯平面图的剖切位置在二、三层间楼梯平台的上方。

楼梯结构平面图应分层画出，当中间几层的结构布置和构件类型完全相同时，则只要画出一个标准层楼梯平面图。

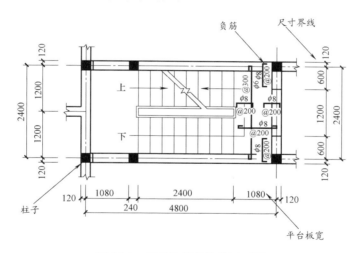

图 17-1　某建筑楼梯结构平面图

# 第18小时

# 构筑物施工图识读

## 一、基础知识

### 1. 水塔施工图的类别

水塔施工图部分图纸见表 18-1。

水塔施工图部分图纸　　　　　　　　　　　　　　　　表 18-1

| 项　　目 | 内　　容 |
| --- | --- |
| 水塔外形立面图 | 说明外形构造,有关附件,竖向标高等 |
| 水塔基础构造图 | 说明基础尺寸和配筋构造 |
| 水塔框架构造图 | 表明框架平面外形拉梁配筋等 |
| 水箱结构构造图 | 表明水箱直径、高度、形状和配筋构造 |
| 施工详图 | 有关的局部构造的施工详图 |

### 2. 水塔施工图的构造

水塔施工图的构造见表 18-2。

水塔施工图的构造　　　　　　　　　　　　　　　　表 18-2

| 项　　目 | 内　　容 |
| --- | --- |
| 基础 | 由圆形钢筋混凝土较厚大的板块做成。使水塔具有足够承重能力和稳定性 |
| 支架部分 | 支架部分有用钢筋混凝土空间框架做成,近十年也有采用钢筋混凝土圆筒支架倒锥形的水塔,造型较美观,但不适宜在寒冷地区 |
| 水箱部分 | 这是储存水的构造部分。有圆筒形结构,也有倒锥形结构的。其容水量一般为 $60\sim100t$,大的可达 300t。<br><br>水塔也属于较高耸的构筑物,所以也有相应的一些附件,如爬梯、休息平台、塔顶栏杆、避雷针、信号灯等 |

### 3. 蓄水池概述

蓄水池是工业生产或自来水厂用来储存大量用水的构筑物。一般多半埋在地下，便于保温，外形分为矩形和圆形两种。可以储存几千立方米至一万多立方米的水。

### 4. 蓄水池的构成

水池分为池底、池壁、池顶三部分。蓄水池都是用上钢筋混凝土浇筑建成。蓄水池的施工图根据池的大小、类型不同，图纸的数量也不同，一般分为水池平面图及外形图；池底板配筋构造图，池壁配筋构造图，池顶板配筋构造图以及有关的各种详图。

### 二、施工图识读

图 18-1 所示为钢筋混凝土水塔基础图，该图表明底板直径、厚度、环梁位

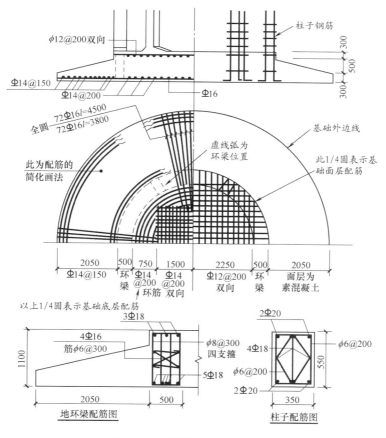

图 18-1 钢筋混凝土水塔基础图

置和配筋构造。底板四周有坡台，坡台从环梁边外伸 2.05m，坡台下厚 30cm，坡高 50cm。上部还有 30cm 高台才到底板上平面，这些都是木工支模时应记住的尺寸。底板和环梁的配筋，由于配筋及圆形的对称性，用 1/4 圆表示基础底板的上层配筋构造，是Φ12 间距 20cm 的双向方格网配筋，范围在环梁以内，钢筋伸入环梁锚固。钢筋长度随环梁外周直径变化。另外，1/4 圆表示下层配筋，由中心方格网Φ14@200、外部环向筋Φ14（在环梁内间距 20cm，外部间距 15cm）和辐射筋Φ16（长的 72 根和短的 72 根相间）组成了底部配筋布置。图上还绘有环梁构造的横断面配筋图和柱子配筋断面图，根据它们的尺寸可以支模和配置钢筋施工。

图 18-2 所示为水箱的竖向剖面图，该图说明水箱的构造情况、水箱内部铁梯的位置、周围栏杆的高度以及水箱外壳的厚度、配筋等结构情况。

从图上看出水箱是圆形的，因为图中标志的内部净尺寸用 $R=3500$mm 表

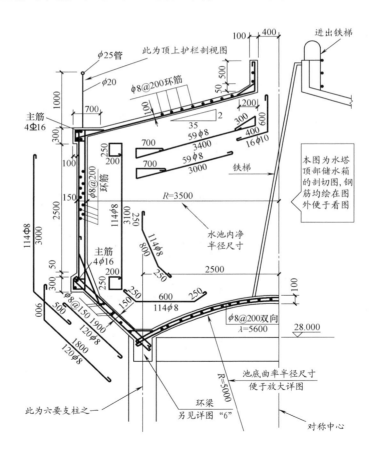

图 18-2　钢筋混凝土水塔水箱配筋图

示：它的顶板为斜的、底板是圆拱形的、外壁是折线形的，由于圆形的对称性，所以结构图只绘出了一半水箱大小。图上可以看出顶板厚10cm，底下配有 $\phi 8$ 钢筋。水箱立壁是内外两层钢筋，图上根据它们不同形状绘在立壁内外，环向钢筋内外层均为 $\phi 8$，间距200mm。在立壁上下各有一个环梁加强筒身，内配4根 $\Phi 16$ 钢筋。底板配筋为两层双向 $\phi 8$ 间距200mm 的配筋，对于底板的曲率应根据图上给出的 $R = 5000mm$ 放出大样，才能算出模板尺寸配置形式和钢筋确切长度。水塔图纸中，水箱部分是最复杂的地方，钢筋和模板不是从简单的看图中可以配料和安装的，必须将图纸全部读懂后再经过计算或放实体大样，才能准确备料进行施工。

图18-3所示为钢筋混凝土蓄水池竖向剖面图，从图中可以看出：

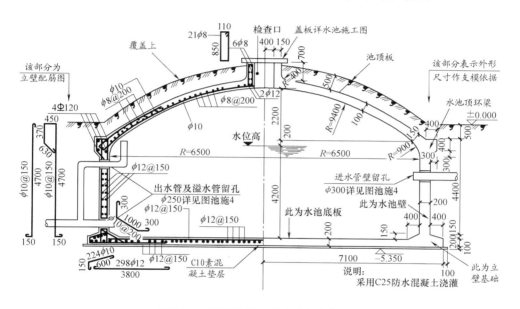

图18-3 钢筋混凝土蓄水池竖向剖面图

水池内径是 $13.00m$，埋深是 $5.350m$，中间最大净高度是 $6.60m$，四周外高度是 $4.85m$。底板厚度为20cm，池壁厚也是20cm，圆形拱顶板厚10cm。水池立壁上部有环梁，下部有趾形基础。顶板的拱度半径是 $9.40m$。了解这些尺寸对支模、放线工作有很大帮助。

该图左侧说明立壁、底板、顶板的配筋构造，具体标出立壁、立壁基础、底板坡角的配筋规格和数量。立壁的竖向钢筋为 $\phi 10$，间距150mm；水平环向钢筋为 $\phi 12$，间距150mm。由于环向钢筋长度在40m以上，因此配料时必须考虑错开搭接。

图纸右下角还注明采用C25防水混凝土进行浇灌。

# 第19小时

# 钢结构施工图识读

一、基础知识

1. 钢框架结构的组成

钢框架结构的主要是由楼板、梁、柱子、基础、围护墙体、楼梯等构件组成，构件的材料不同，主要内容见表 19-1。另外，为控制其水平位移或其整体刚度，有时还需加设支撑，如图 19-1 所示。

钢框架的主要组成构件 表 19-1

| 项目 | 内　　容 |
| --- | --- |
| 楼板 | 在钢结构中，用来制作楼板的材料可以选择钢平板、压型钢板组合楼板、钢筋混凝土板或者密肋 OSB 板等，往往根据建筑的需求和结构尺寸的布置来选择合适的做法：<br>(1)钢平板厚度一般在 10mm 以下，但刚度较小，因此一般只用于工业建筑中的操作平台。<br>(2)压型钢板组合楼板是目前多高层钢框架结构楼板的最常用的一种做法。它主要由压型钢板、抗剪栓钉和钢筋混凝土板三部分共同组成。压型钢板在施工阶段承担其上方的所有施工荷载，并兼起模板的作用，在使用阶段与混凝土板共同承重。<br>(3)混凝土楼板三者组合在一起，使三者能够更好地共同受力。钢筋混凝土板的作用主要是提供一个合理的刚度，并参与楼板的受力。这种板的总厚度往往较大，在 120mm 左右，在保证净高的情况下，层高较大。<br>(4)钢筋混凝土楼板直接在钢梁上支模板，绑扎钢筋，浇筑混凝土。为了增加钢梁与混凝土板之间的联系，需在钢梁上焊一定的抗剪栓钉 |
| 梁 | 钢框架结构中的梁根据其跨度和受荷情况的不同，可采用型钢截面或者钢板组合截面，分别称为型钢梁和钢板组合梁。一般情况下对于跨度较小的次梁常选择型钢截面的梁；对于跨度较大或受荷较大的主梁往往选择钢板组合梁 |

续表

| 项目 | 内　容 |
|------|--------|
| 柱子 | 钢框架结构中的柱子,根据受力情况不同可分为轴心受压柱和偏心受压柱(或称压弯柱子)两类。<br>柱子常选用的截面主要有轧制型钢截面柱、焊接型钢截面柱和格构式组合截面柱:<br>(1)对于荷载较小的柱子,一般选择轧制型钢柱和焊接型钢截面柱,对轧制型钢截面主要选择宽翼缘 H 型钢柱。<br>(2)焊接型钢截面柱一般也制作成 H 形截面或者做成箱形截面、圆管截面等。<br>(3)对于荷载较大的柱子可以选择格构式截面,或者钢骨混凝土、钢管混凝土柱等截面 |
| 围护墙体 | 钢框架结构的围护墙体是不承担竖向荷载的填充墙,常用一些轻质墙体作为钢框架结构围护墙体。<br>目前墙体的常用做法有蒸压加气混凝土板(ALC 板)、空心混凝土砌块、轻钢龙骨板材隔墙等,其中空心混凝土砌块主要用于外墙的施工,而 ALC 板和轻钢龙骨隔墙主要用于内墙 |
| 支撑系统 | 钢框架结构的支撑系统包括水平支撑和竖向支撑两类。<br>(1)楼盖水平刚度不足时往往布置水平支撑,水平支撑又可分为纵向水平支撑和横向水平支撑。<br>(2)竖向支撑包括中心支撑和偏心支撑两类。竖向支撑可在建筑物纵向的一部分柱间布置,也可在横向或纵横两向布置;在平面上可沿外墙布置,也可沿内墙布置。柱间支撑多采用中心支撑,常用的支撑形式有:十字交叉斜杆、单斜杆、人字形斜杆、K 形斜杆和跨层跨柱设置的支撑等 |
| 楼梯 | 钢框架结构中的楼梯可以采用钢筋混凝土楼梯,也可以采用钢楼梯。采用钢楼梯只能形成梁板式楼梯的构造做法,即花纹钢板的踏步板与两侧钢制梯斜梁连接,梯斜梁再与上下的平台梁连接,最后由平台梁将上述构件荷载传给柱子 |
| 基础 | 钢框架结构的基础仍然采用钢筋混凝土基础 |

## 2. 钢框架结构施工图的图纸组成

通常情况下,一套完整的钢框架结构施工图包括:结构设计说明、基础平面布置图及其详图、柱子平面布置图、各层结构平面布置图、各横轴竖向支撑立面布置图、各纵轴竖向支撑立面布置图、梁柱截面选用表、梁柱节点详图、梁节点详图、柱脚节点详图和支撑节点详图等。

在高层钢框架结构施工图中,由于其柱子往往采用组合柱子,所以需要单独出一张"柱子设计图"用来表达其详细的构造做法。另外,在钢框架结构的施工详图中,往往还需要有各层梁构件的详图、各种支撑的构件详图、各种柱的构件详图以及某些构件的现场拼装图等。

## 3. 标准层结构平面图识读

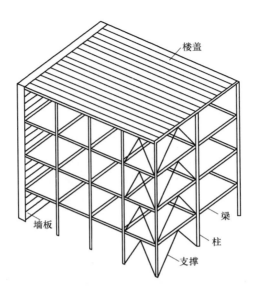

图 19-1　钢框架结构的构件组成

结构平面布置图是确定建筑物各构件在建筑平面上的位置图，具体绘制内容主要有：

（1）根据建筑物的宽度和长度，绘出柱网平面图。

（2）用粗实线绘出建筑物的外轮廓线及柱的位置和截面示意。

（3）用粗实线绘出梁及各构件的平面位置，并标注构件定位尺寸。

（4）在平面图的适当位置处标注所需的剖面，以反映结构楼板、梁等不同构件的竖向标高关系。

（5）在平面图上对梁构件编号。

（6）表示出楼梯间、结构留洞等的位置。对于结构平面布置图的绘制数量，与确定绘制建筑平面图的数量原则相似，只要各层结构平面布置相同，可以只画某一层的平面布置图来表达相同各层的结构平面布置图。

在对某一层结构平面布置图详细识读时，采取的步骤见表 19-2。

**楼层结构平面图识读步骤**　　　　　　　　　　　　　　　　表 19-2

| 步骤 | 内　　容 |
| --- | --- |
| 明确本层梁的信息 | 识读的梁的信息主要包括梁的类型数、各类梁的截面形式、梁的跨度、梁的标高以及梁柱的连接形式等 |
| 掌握其他构件的布置情况 | 主要是指梁之间的水平支撑、隔撑以及楼板层的布置。<br>楼板层的布置主要是指采用钢筋混凝土楼板时，应将钢筋的布置方案在平面图中表示出来，有时也会将板的布置方案单列一张图纸 |

| 步骤 | 内 容 |
|---|---|
| 查找图中的洞口位置 | 楼板层中的洞口主要包括楼梯间和配合设备管道安装的洞口,在平面图中主要明确它们的位置和尺寸大小 |

### 4. 网架结构施工图图纸组成

网架结构的类型很多,主要的区别就在于节点球的做法。下面分成"螺栓节点球"和"焊接节点球"两种情况来分别说明,见表19-3。

**节点球的网架施工图的主要内容** 表 19-3

| 项目 | 内 容 |
|---|---|
| 螺栓节点球的网架施工图 | 螺栓节点球的网架施工图主要包括:螺栓节点球网架结构设计说明、螺栓节点球预埋件平面布置图、螺栓节点球网架平面布置图、螺栓节点球网架节点图、螺栓节点球网架内力图、螺栓节点球网架杆件布置图、螺栓节点球球节点安装详图及其他节点详图等 |
| 焊接节点球的网架施工图 | 焊接节点球的网架施工图主要包括:焊接节点球网架结构设计说明、焊接节点球预埋件平面布置图、焊接节点球网架平面布置图、焊接节点球网架节点图、焊接节点球网架内力图、焊接节点球网架杆件布置图等 |

以上是网架结构设计制图阶段的图纸内容,对于施工详图阶段螺栓球网架结构的施工图主要包括:网架施工详图说明、网架找坡支托平面图、网架节点安装图、网架构件编号图、网架支座详图、网架支托详图、网架杆件详图、球详图、封板详图、锥头和螺栓机构详图以及网架零件图。而焊接球节点网架的施工详图与螺栓节点球网架相比,没有封板详图、锥头和螺栓机构详图以及网架零件图,其他图纸内容只是结合构造差异有相应的调整。

在设计过程中,设计人员往往根据工程的实际情况,对图纸内容和数量作相应的调整,有时甚至将几个内容的图合并在一起绘制。但是不会超出前面所述及的内容,总的原则还是要将工程实际情况用图纸反映完整、准确、清晰。

### 5. 网架施工图识读方法

网架施工图主要包括网架结构设计说明、网架平面布置图、网架安装图、球加工图、支座详图与支托详图、材料表等,具体内容见表19-4。

**网架施工图内容** 表 19-4

| 施工图 | 内 容 |
|---|---|
| 网架结构设计说明 | 设计说明包括:工程概况、设计依据、网架结构设计和计算、材料、制作、安装、验收、表面处理、主要计算结果九项内容,具体见表19-5 |

| 施工图 | 内　　容 |
|---|---|
| 网架平面布置图 | (1)网架平面布置图主要是用来对网架的主要构件(支座、节点球、杆件)进行定位的,一般还配合纵、横两个方向剖面图共同表达。<br>(2)节点球的定位主要还是通过两个方向的剖面图控制的 |
| 网架安装图 | 主要对各杆件和节点球上按次序进行编号,编号原则如下:<br>(1)节点球的编号一般用大写英文字母开头,后边跟一阿拉伯数字,标注在节点球内。图中节点球的编号有几种大写字母开头,表明有几种球径的球,即开头字母不同的球的直径是不同的;即使直径相同的球,由于所处位置不同,球上开孔数量和位置也不尽相同,因此在用字母后边的数字来表示不同的编号。<br>(2)杆件的编号一般采用阿拉伯数字开头,后边跟一个大写英文字母或什么都不跟,标注在杆件的上方或左侧。图中杆件的编号有几种数字开头,表明有几种横断面不同的杆件;另外,对于同种断面尺寸的杆件其长度未必相同,因此在数字后加上字母以区别杆件类型的不同。由此就可以得知图中杆件的类型数、每个类型杆件的具体数量,以及它们分别位于何位置 |
| 球加工图 | 球加工图主要表达各种类型的螺栓球的开孔要求,以及各孔的螺栓直径等。在绘制时,往往选择能够尽量多地反映出开孔情况的球面进行投影绘制,然后将图上绘制出来的各孔孔径中心之间的角度标注出来。图名以构件编号命名,另外注明该球总共的开孔数、球直径和该编号球的数量。<br>该图纸的作用主要是用来校核由加工厂运来的螺栓球的编号是否与图纸一致,以免在安装过程中出现错误,造成返工 |
| 支座详图与支托详图 | 支座详图和支托详图都是来表达局部辅助构件的大样详图,这种图的识读顺序一般都是先看整个构件的立面图,掌握组成这个构件的各零件的相对位置关系,然后根据立面图中的断面符号找到相应的断面图,进一步明确各零件之间在平面上的位置关系和连接做法;最后,根据立面图中的板件编号(带圆圈的数字)查明组成这一构件的每一种板件的具体尺寸和形状。另外,还需要仔细阅读图纸中的说明,可以进一步帮助大家更好地明确该详图 |
| 材料表 | 材料表把该网架工程中所涉及的所有构件的详细情况分类进行了汇总。该图可以作为材料采购、工程量计算的一个重要依据。另外,在识读其他图纸时,如有参数标注不全的,也可以结合本张图纸来校验或查询 |

网架结构设计说明的主要内容　　　　　　表 19-5

| 项目 | 内　　容 |
| --- | --- |
| 工程概况 | 在识读本工程概况时,关键要注意的有以下三点:<br>一是"工程名称",了解工程的具体用途,从而便于一些信息的查阅。<br>二要注意"工程地点",许多设计参数的选取和施工组织设计的考虑都与工程地点有着紧密的联系。<br>三是"网架结构荷载",切忌在施工阶段使网架受力超过此值 |
| 设计依据 | 设计依据列出的往往都是一些设计标准、规范、规程以及甲方的设计任务书等。对于这些内容,施工人员要注意两点:<br>一是要注意其中的地方标准或行业标准,这些内容往往有一定的特殊性;<br>二是要注意与施工有关的标准和规范 |
| 网架结构设计和计算 | 主要介绍了设计所采用的软件程序和一些设计原理及设计参数 |
| 材料 | 主要对网架中各杆件和零件的材性提出了要求 |
| 制作 | 网架工程的施工主要包括构件和零件的加工制作(在加工厂完成),以及现场的安装、拼装两个阶段 |
| 安装 | 由于钢结构工程的特殊性,其施工阶段与使用阶段的受力情况有较大差异,因此设计人员往往会提出相应的施工方案 |
| 验收 | 主要提出了对本工程的验收标准。虽然验收是安装完以后才做的事情,但对于施工人员来讲,应在加工安装之前就要熟悉验收的标准,只有这样才能确保工程的质量 |
| 表面处理 | 钢结构的防腐和防火是钢结构施工的两个重要环节。本条款主要从设计角度出发,对结构的防腐和防火提出了要求,这也是施工人员要特别注意的,尤其是当本条款数值不按标准中底限取值时,施工中必须满足本条款的要求 |
| 主要计算结果 | 施工人员在识读本条时应特别注意,本条款给出的值均为使用阶段的,也就是说当使用荷载全部加上后产生的结果。在安装施工时要避免单根构件的受力超过此最大值,以免安装过程中造成杆件的损坏;另外,施工过程中还要控制好结构整体的挠度 |

## 二、施工图识读

图 19-2 所示为标准层钢框架标准层的结构平面图, 横轴是从①～③轴线, 总长是 13200mm, 纵轴是Ⓐ～Ⓔ轴线, 总长是 18000mm。图中有六种楼板, 分别编号, 同种编号的板布筋方式一样。

图中符号"┌──┐"表示支座钢筋;符号"◄───────►"表示板底钢筋。图中标注"ф8@200", 表示的意义为直径 8mm 的钢筋间距为 200mm, "ф10@200"表示的意义为直径为 10mm 的钢筋间距为 200mm, "ф8@150"

表示的意义为直径为 8mm 的钢筋间距为 150mm。图中支座钢筋处标注的尺寸表示钢筋伸入板内的长度。从图上看出，所有梁的标高相等，梁与柱的连接参照图例，可以发现绝大多数梁柱节点均为刚性连接。本图中梁的跨度和梁的间距均不大，因此没有水平支撑和隔撑的布置；本图的楼板是用局部剖面图表示的，为压型钢板楼板。

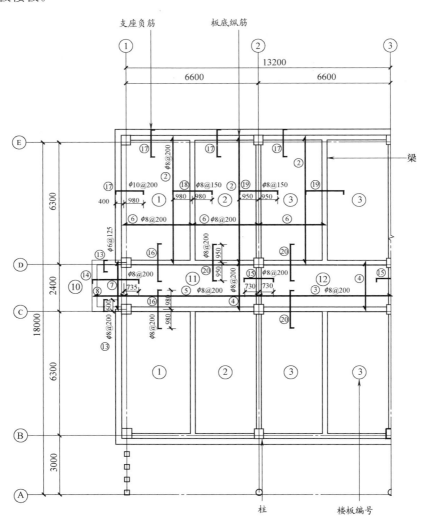

图 19-2　钢框架标准层结构平面图

图 19-3 所示为网架平面布置图，它主要是用来对网架的主要构件（支座、节点球、杆件）进行定位的，一般还配合纵、横两个方向剖面图共同表达。支座的布置往往还需要有预埋件布置图配合。本工程支座全部安装在钢筋混凝土柱顶

上，因此未单独画出预埋件布置图，只需结合土建图纸中柱子布置图和预埋件详图即可。

节点球的定位主要还是通过两个方向的剖面图控制的。对于本图，首先明确平面图中哪些属于上弦节点球，哪些是下弦节点球，然后再按排、列或者定位轴线逐一进行位置的确定。在图 19-3 中通过平面图和剖面图的联合识读可以判断，平面图中在实线交点上的球均为上弦节点球，而在虚线交点上的球为下弦节点球；每个节点球的位置可以由两个方向的尺寸共同确定。如图中最下方的一个支座上的节点球，由于它处于实线的交点上，因此它属于上弦节点球，它的平面位置：东西方向可以从平面图下方的剖面图中读出，处于距最西边 13.2m 的位置；南北方向可以从其右侧的剖面图中读出，处于最南边的位置。

从图中还可以读出网架的类型为正方四角锥双层平板网架、网架的矢高为 1.8m（由剖面图可以读出）以及每个网架支座的内力。

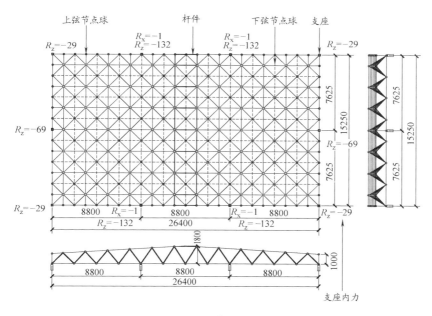

图 19-3　钢网架平面布置图

# 附录A

# 钢筋的表示与标注

1. 钢筋的一般表示方法

普通钢筋的一般表示方法应符合表 A-1 的规定。预应力钢筋的表示方法应符合表 A-2 的规定。钢筋网片的表示方法应符合表 A-3 的规定。钢筋的焊接接头的表示方法应符合表 A-4 的规定。

普通钢筋表示方法 表 A-1

| 序号 | 名　　称 | 图例 | 说　　明 |
|---|---|---|---|
| 1 | 钢筋横断面 | • | — |
| 2 | 无弯钩的钢筋端部 | | 下图表示长，短钢筋投影重叠时，短钢筋的端部用45°斜画线表示 |
| 3 | 带半圆形弯钩的钢筋端部 | | — |
| 4 | 带直钩的钢筋端部 | | — |
| 5 | 带丝扣的钢筋端部 | | — |
| 6 | 无弯钩的钢筋搭接 | | — |
| 7 | 带半圆弯钩的钢筋搭接 | | — |
| 8 | 带直钩的钢筋搭接 | | — |
| 9 | 花篮螺丝钢筋接头 | | — |
| 10 | 机械连接的钢筋接头 | | 用文字说明机械连接的方式（如冷挤压或直螺纹等） |

预应力钢筋表示方法 表 A-2

| 序号 | 名　称 | 图　例 |
|---|---|---|
| 1 | 预应力钢筋或钢绞线 | |
| 2 | 后张法预应力钢筋断面<br>无粘结预应力钢筋断面 | |
| 3 | 预应力钢筋断面 | + |
| 4 | 张拉端锚具 | |
| 5 | 固定端锚具 | |
| 6 | 锚具的端视图 | |
| 7 | 可动连接件 | |
| 8 | 固定连接件 | |

钢筋网片 表 A-3

| 序号 | 名　称 | 图　例 |
|---|---|---|
| 1 | 一片钢筋网平面图 | W-1 |
| 2 | 一行相同的钢筋网平面图 | 3W-1 |

注：用文字注明焊接网片或绑扎网片。

钢筋的焊接接头 表 A-4

| 序号 | 名　称 | 接头形式 | 标注方法 |
|---|---|---|---|
| 1 | 单面焊接的钢筋接头 | | |
| 2 | 双面焊接的钢筋接头 | | |

续表

| 序号 | 名　　称 | 接头形式 | 标注方法 |
|---|---|---|---|
| 3 | 用帮条单面焊接的钢筋接头 | | |
| 4 | 用帮条双面焊接的钢筋接头 | | |
| 5 | 接触对焊的钢筋接头（闪光焊、压力焊） | | |
| 6 | 坡口平焊的钢筋接头 | | |
| 7 | 坡口立焊的钢筋接头 | | |
| 8 | 用角钢或扁钢作连接板焊接的钢筋接头 | | |
| 9 | 钢筋或螺(锚)栓与钢板穿孔塞焊的接头 | | |

2. 钢筋、钢丝束及钢筋网片标注

（1）钢筋、钢丝束及钢筋网片应按下列规定进行标注：

1）钢筋、钢丝束的说明应给出钢筋的代号、直径、数量、间距、编号及所在位置，其说明应沿钢筋的长度标注或标注在相关钢筋的引出线上。

2）钢筋网片的编号应标注在对角线上。网片的数量应与网片的编号标注在一起。

3）钢筋、杆件等编号的直径宜采用 5～6 mm 的细实线圆表示，其编号应采用阿拉伯数字按顺序编写。

（2）钢筋在平面、立面、剖面中的表示方法应符合下列规定：

1）钢筋在平面图中的配置应按图 A-1 所示的方法表示。当钢筋标注的位置不够时，可采用引出线标注。引出线标注钢筋的斜短画线应为中实线或细实线。

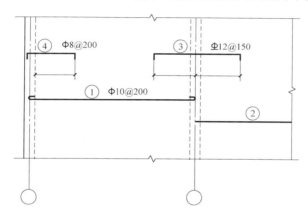

图 A-1　钢筋在楼板配筋图中的表示方法

2）当构件布置较简单时，结构平面布置图可与板配筋平面图合并绘制。

3）平面图中的钢筋配置较复杂时，可按表 A-5 及图 A-2 的方法绘制。

**钢筋的画法**　　　　　　　　　　　　　　表 A-5

| 序号 | 说　　明 | 图　　例 |
|---|---|---|
| 1 | 在结构楼板中配置双层钢筋时,底层钢筋的弯钩应向上或向左,顶层钢筋的弯钩则向下或向右 | （底层）　　　　（顶层） |
| 2 | 钢筋混凝土墙体配双层钢筋时,在配筋立面图中,远面钢筋的弯钩应向上或向左,而近面钢筋的弯钩向下或向右（JM 近面,YM 远面） | JM　YM |

续表

| 序号 | 说　明 | 图　例 |
|---|---|---|
| 3 | 若在断面图中不能表达清楚的钢筋布置,应在断面图外增加钢筋大样图(如钢筋混凝土墙、楼梯等) | |
| 4 | 图中所表示的箍筋、环筋等若布置复杂时,可加画钢筋大样及说明 | |
| 5 | 每组相同的钢筋、箍筋或环筋,可用一根粗实线表示,同时用一根带斜短画线的横穿细线,表示其钢筋及起止范围 | |

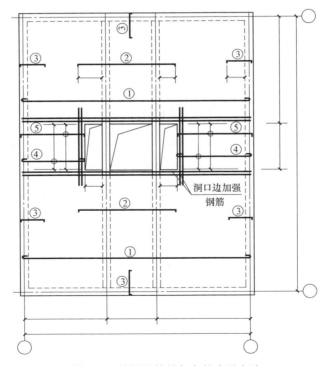

洞口边加强钢筋

图 A-2　楼板配筋较复杂的表示方法

4) 钢筋在梁纵、横断面图中的配置,应按图 A-3 所示的方法表示。

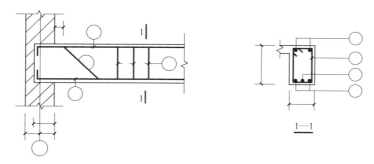

图 A-3 梁纵、横断面图中钢筋表示方法

（3）构件配筋图中箍筋的长度尺寸，应指箍筋的里皮尺寸。弯起钢筋的高度尺寸应指钢筋的外皮尺寸，如图 A-4 所示。

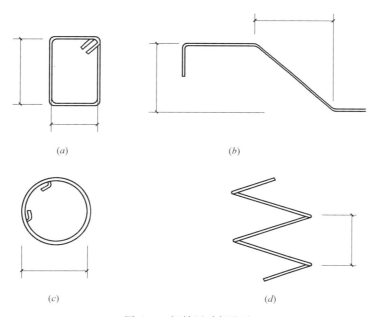

图 A-4 钢箍尺寸标注法

（*a*）箍筋尺寸标注范围；（*b*）弯起钢筋尺寸标注范围；

（*c*）环形钢筋尺寸标注范围；（*d*）螺旋钢筋尺寸标注范围

# 附录B

# 配筋图与构件表示方法

1. 配筋简化表示方法

（1）当构件对称时，采用详图绘制构件中的钢筋网片可用一半或 1/4 表示，如图 B-1 所示。

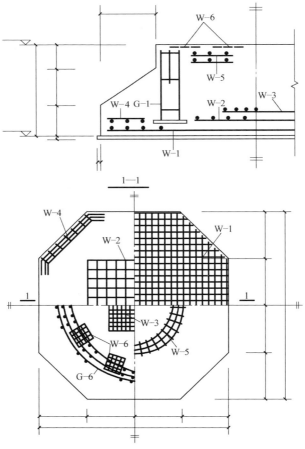

图 B-1  构件中钢筋简化表示方法

（2）钢筋混凝土构件配筋较简单时，按下列规定绘制配筋平面图：

1）独立基础宜按图 B-2 的规定在平面模板图左下角，绘出波浪线，绘出钢筋并标注钢筋的直径、间距等。

2）其他构件宜按图 B-3 的规定在某一部位绘出波浪线，绘出钢筋并标注钢筋的直径、间距等。

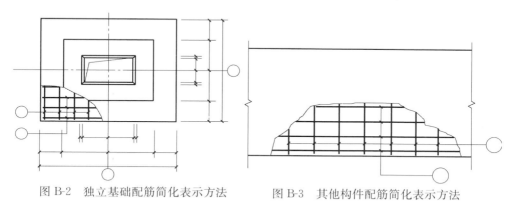

图 B-2　独立基础配筋简化表示方法　　　图 B-3　其他构件配筋简化表示方法

3）对称的混凝土构件，宜按图 B-4 的规定在同一图样中一半表示模板，另一半表示配筋。

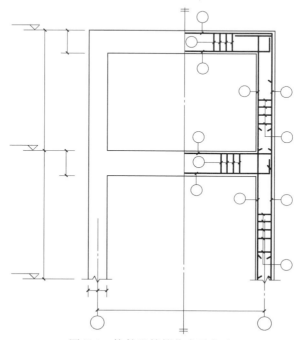

图 B-4　构件配筋简化表示方法

2. 预埋件、预留孔洞的表示方法

（1）在混凝土构件上设置预埋件时，可按图 B-5 的规定在平面图或立面图上表示。引出线指向预埋件，并标注预埋件的代号。

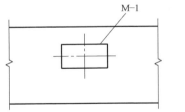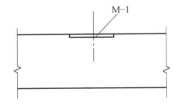

图 B-5　预埋件的表示方法

（2）在混凝土构件的正、反面同一位置均设置相同的预埋件时，可按图 B-6 的规定引出线为一条实线和一条虚线并指向预埋件，同时在引出横线上标注预埋件的数量及代号。

（3）在混凝土构件的正、反面同一位置设置编号不同的预埋件时，可按图 B-7 的规定引一条实线和一条虚线并指向预埋件。引出横线上标注正面预埋件代号，引出横线下标注反面预埋件代号。

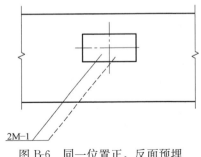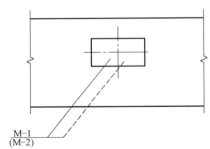

图 B-6　同一位置正、反面预埋　　　图 B-7　同一位置正、反面预埋件
　　　件相同的表示方法　　　　　　　　　　不相同的表示方法

（4）在构件上设置预留孔、洞或预埋套管时，可按图 B-8 的规定在平面或断面图中表示。引出线指向预留位置，引出横线上方标注预留孔、洞的尺寸，预埋套管的外径。横线下方标注孔、洞的中心标高或底标高。

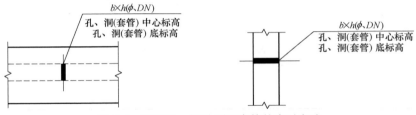

图 B-8　预留孔、洞及预埋套管的表示方法

### 3. 文字注写构件表示方法

（1）在现浇混凝土结构中，构件的截面和配筋等数值可采用文字注写方式表达。

（2）按结构层绘制的平面布置图中，直接用文字表达各类构件的编号（编号中含有构件的类型代号和顺序号）、断面尺寸、配筋及有关数值。

（3）混凝土柱可采用列表注写和在平面布置图中截面注写方式，具体见表 B-1。

柱注写方式                                                                          表 B-1

| 注写方式 | 内容 |
|---|---|
| 列表注写 | 列表注写应包括柱的编号、各段的起止标高、断面尺寸、配筋、断面形状和箍筋的类型等有关内容，见表 B-2 |
| 截面注写 | 截面注写可在平面布置图中，选择同一编号的柱截面，直接在截面中引出断面尺寸、配筋的具体数值等，并应绘制柱的起止高度表 |

列表注写内容                                                                        表 B-2

| 项目 | 内容 |
|---|---|
| 注写柱编号 | 柱编号由类型代号和序号组成，应符合表 B-3 的柱编号规定 |
| 注写各柱段的起止标高 | 自柱根部往上以变截面位置或截面未变但配筋改变处为界分段注写。框架柱和框支柱的根部标高系指基础顶面标高。芯柱的根部标高系指根据结构实际需要而定的起始位置标高。梁上柱的根部标高系指梁顶面标高。剪力墙上柱的根部标高分两种：当柱纵筋锚固在墙顶部时，其根部标高为墙顶面标高；当柱与剪力墙重叠一层时，其根部标高为墙顶面往下一层的结构楼层面标高 |
| 注写柱截面 | 对于矩形柱，注写柱截面尺寸 $b \times h$ 及与轴线有关系的几何参数代号 $b_1$、$b_2$ 和 $h_1$、$h_2$ 的具体数值，须对应于各柱段分别注写。对于圆柱，表中 $b \times h$ 一栏改用在圆柱直径数字前加 $D$ 表示 |
| 注写柱纵筋 | 当柱纵筋直径相同，各边根数也相同时（包括矩形柱、圆柱和芯柱），将纵筋注写在"全部纵筋"一栏中。除此之外，柱纵筋分角筋、截面 $b$ 边中部筋和 $h$ 边中部筋三项分别注写 |
| 注写箍筋类型号及箍筋肢数 | 在箍筋类型栏内注写并绘制柱截面形状及其箍筋类型号 |
| 注写柱箍筋，包括钢筋级别、直径与间距 | 当为抗震设计时，用斜线"/"区分柱端箍筋加密区与柱身非加密区长度范围内箍筋的不同间距。当箍筋沿柱全高为一种时，则不使用"/"线。当圆柱采螺旋箍筋时在箍筋前加"L" |

**各种柱编号的基本规定**　　　　　　　　　表 B-3

| 柱类型 | 代号 | 序号 | 特　征 |
|---|---|---|---|
| 框架柱 | KZ | ×× | 柱根部嵌固在基础或地下结构上，并与框架梁刚性连接构成框架 |
| 框支柱 | KZZ | ×× | 柱根部嵌固在基础或地下结构上，并与框支梁刚性连接构成框支结构。框支结构以上转换为剪力墙结构 |
| 芯柱 | XZ | ×× | 设置在框架柱、框支柱、剪力墙柱核心部位的暗柱 |
| 梁上柱 | LZ | ×× | 支承在梁上的柱 |
| 剪力墙上柱 | QZ | ×× | 支承在剪力墙顶部的柱 |

（4）混凝土剪力墙可采用列表和截面注写方式，具体见表 B-4。

**剪力墙注写方式**　　　　　　　　　表 B-4

| 注写方式 | 内　容 |
|---|---|
| 列表注写 | 列表注写分别在剪力墙柱表、剪力墙身表及剪力墙梁表中，按编号绘制截面配筋图并注写断面尺寸和配筋等，编号见表 B-5、表 B-6、表 B-7 |
| 截面注写 | 截面注写可在平面布置图中按编号，直接在墙柱、墙身和墙梁上注写断面尺寸、配筋等具体数值的内容 |

**墙柱编号**　　　　　　　　　表 B-5

| 墙柱类型 | 代号 | 序号 |
|---|---|---|
| 约束边缘暗柱 | YAZ | ×× |
| 约束边缘端柱 | YDZ | ×× |
| 约束边缘翼墙（柱） | YYZ | ×× |
| 约束边缘转角墙（柱） | YJZ | ×× |
| 构造边缘端柱 | GDZ | ×× |
| 构造边缘暗柱 | GAZ | ×× |
| 构造边缘翼墙（柱） | GYZ | ×× |
| 构造边缘转角墙（柱） | GJZ | ×× |
| 非边缘暗柱 | AZ | ×× |
| 扶壁柱 | FBZ | ×× |

**墙梁编号**　　　　　　　　　表 B-6

| 墙柱类型 | 代号 | 序号 |
|---|---|---|
| 连梁 | LL | ×× |
| 连梁（有交叉暗撑） | LL(JC) | ×× |
| 连梁（有交叉钢筋） | LL(JG) | ×× |
| 暗梁 | AL | ×× |
| 边框梁 | BKL | ×× |

墙身编号                                    表 B-7

| 墙柱类型 | 代号 | 序号 |
|---|---|---|
| 剪力墙身 | Q(×) | ×× |

（5）混凝土梁可采用在平面布置图中的平面注写和截面注写方式，具体见表 B-8。

混凝土梁注写方式                           表 B-8

| 注写方式 | 内　容 |
|---|---|
| 平面注写 | 平面注写可在梁平面布置图中，分别在不同编号的梁中选择一个，直接注写编号（见表 B-9）、断面尺寸、跨数、配筋的具体数值和相对高差等内容 |
| 截面注写 | 截面注写可在平面布置图中，分别在不同编号的梁中选择一个，用剖面号引出截面图形并在其上注写断面尺寸、配筋的具体数值等 |

梁编号                                      表 B-9

| 梁类型 | 代号 | 序号 | 跨数及是否带有悬挑 |
|---|---|---|---|
| 楼层框架梁 | KL | ×× | (××)、(××A)或(××B) |
| 屋面框架梁 | WKL | ×× | (××)、(××A)或(××B) |
| 框支梁 | KZL | ×× | (××)、(××A)或(××B) |
| 非框架梁 | L | ×× | (××)、(××A)或(××B) |
| 悬挑梁 | XL | — | — |
| 井字梁 | JZL | ×× | (××)、(××A)或(××B) |

注：(××A) 为一端有悬挑，(××B) 为两端有悬挑，悬挑不计入跨数。

（6）重要构件或较复杂的构件，不宜采用文字注写方式表达构件的截面尺寸和配筋等有关数值，宜采用绘制构件详图的表示方法。

（7）基础、楼梯、地下室结构等其他构件，当采用文字注写方式绘制图纸时，可采用在平面布置图上直接注写有关具体数值，也可采用列表注写的方式。

（8）采用文字注写构件的尺寸、配筋等数值的图样，应绘制相应的节点做法及标准构造详图。

# 附录C

# 钢材与连接图例

## 1. 型钢符号

型钢符号标注方法见表 C-1。

型钢符号标注方法

表 C-1

| 序号 | 名称 | 截面 | 标注 | 说明 |
|---|---|---|---|---|
| 1 | 等边角钢 | ∟ | ∟ $b \times d$ | $b$ 为肢宽<br>$d$ 为肢厚 |
| 2 | 不等边角钢 | ⊿ | ⊿ $B \times b \times d$ | $B$ 为长肢宽 |
| 3 | 工字钢 | I | I $_N$,Q I $_N$ | 轻型工字钢时加注 Q 字 |
| 4 | 槽钢 | [ | [ $_N$,Q [ $_N$ | 轻型槽钢时加注 Q 字 |
| 5 | 方钢 | $\overset{h}{\square}$ | □ $_b$ | |
| 6 | 扁钢 | $\overset{b}{\longrightarrow}$ | $-b \times t$ | |
| 7 | 钢板 | — | $-t$ | |
| 8 | 圆钢 | ⊘ | $\phi d$ | |
| 9 | 钢管 | ○ | $\phi d \times t$ | $t$ 为管壁厚 |
| 10 | 薄壁方钢管 | □ | B □ $h \times t$ | |
| 11 | 薄壁等肢角钢 | ∟ | B ∟ $b \times t$ | |
| 12 | 薄壁等肢卷边角钢 | ⌐ | B ⌐ $b \times a \times t$ | |
| 13 | 薄壁槽钢 | [ | B [ $k \times b \times t$ | 薄壁型钢时加注 B 字 |
| 14 | 薄壁卷边槽钢 | [ | B [ $k \times b \times a \times t$ | |
| 15 | 薄壁卷边 Z 型钢 | ⌐ | B ⌐ $k \times b \times a \times t$ | |

续表

| 序号 | 名称 | 截面 | 标注 | 说明 |
|------|------|------|------|------|
| 16 | 起重机钢机 | | QU×× | ××为起重机钢轨型号 |
| 17 | 轻轨和钢轨 | | ××kg/m 钢轨 | ××为轻轨和钢轨型号 |

2．螺栓、孔、电焊铆钉

螺栓、孔、电焊铆钉图例见表 C-2。

螺栓、孔、电焊铆钉图例　　　　　　　　　　　表 C-2

| 序号 | 名称 | 图例 | 说明 |
|------|------|------|------|
| 1 | 永久螺栓 | | |
| 2 | 高强螺栓 | $\phi d$ | |
| 3 | 安装螺栓 | | 1. 细"＋"线表示定位线 |
| 4 | 圆形螺栓孔 | | 2. 必须标注螺栓孔、电焊铆钉的直径 |
| 5 | 长圆形螺栓孔 | $a$　$b$ | |
| 6 | 电焊铆钉 | | |

3．焊缝图示与符号

（1）焊缝基本符号见表 C-3。

焊缝基本符号　　　　　　　　　　　表 C-3

| 序号 | 名称 | 示意图 | 符号 | 序号 | 名称 | 示意图 | 符号 |
|------|------|--------|------|------|------|--------|------|
| 1 | 卷边焊缝（卷边完全熔化） | | 八 | 5 | 带钝边 V 形焊缝 | | Y |
| 2 | I 形焊缝 | | ‖ | 6 | 带钝边单边 V 形焊缝 | | ⼁⼁ |
| 3 | V 形焊缝 | | ∨ | 7 | 带钝边 U 形焊缝 | | ⋃ |
| 4 | 单边 V 形焊缝 | | ⟍ | 8 | 带钝边 J 形缝焊 | | ⼁⼁ |

续表

| 序号 | 名称 | 示意图 | 符号 | 序号 | 名称 | 示意图 | 符号 |
|---|---|---|---|---|---|---|---|
| 9 | 封底焊缝 | | ⌒ | 12 | 点焊缝 | | ○ |
| 10 | 角焊缝 | | △ | | | | |
| 11 | 塞焊缝或槽焊缝 | | ⊓ | 13 | 缝焊缝 | | ⊖ |

（2）焊缝的辅助符号见表 C-4。

**焊缝的辅助符号**                                    表 C-4

| 序号 | 名称 | 示意图 | 符号 | 说明 |
|---|---|---|---|---|
| 1 | 平面符号 | | — | 焊缝表面齐平（一般通过加工） |
| 2 | 凹面符号 | | ⌣ | 焊缝表面凹陷 |
| 3 | 凸面符号 | | ⌢ | 焊缝表面凸起 |

注：不需要确切地说明焊缝的表面形状时，可以不用辅助符号，辅助符号的应用示例见表 C-5。

**辅助符号的应用示例**                                表 C-5

| 名称 | 示意图 | 符号 |
|---|---|---|
| 平面 V 形对接焊缝 | | |
| 凸面 X 形对接焊缝 | | |
| 凹面角焊缝 | | |
| 平面封底 V 形焊缝 | | |

（3）焊缝的补充符号见表C-6。

| 序号 | 名称 | 示意图 | 符号 | 说明 |
|---|---|---|---|---|
| 1 | 带垫板符号 | | ▭ | 表示焊缝底部有垫板 |
| 2 | 三面焊缝符号 | | ▭ | ＊表示三面带有焊缝 |
| 3 | 周围焊缝符号 | | ○ | 表示环绕工件周围焊缝 |
| 4 | 现场符号 | | ◤ | 表示在现场或工地上进行焊接 |
| 5 | 尾部符号 | | ＜ | 可以参照 GB 5185 标注焊接工艺方法等内容 |

4. 六角套及封板或锥头底厚

（1）六角套的形式与尺寸按表C-7和图C-1的规定。

六角套的尺寸（mm）　　　　　　　　　　　表 C-7

| 螺纹规格 $d$ | M12 | M14 | M16 | M20 | M22 | M24 | M27 | M30 | M33 |
|---|---|---|---|---|---|---|---|---|---|
| $D$ | 13 | 15 | 17 | 21 | 23 | 25 | 28 | 31 | 34 |
| $D_0$ | | M5 | | | M6 | | | M8 | |
| $s$ | 21 | 24 | 27 | 34 | 36 | 41 | 46 | 50 | 55 |
| $e_{win}$ | 22.78 | 26.17 | 29.56 | 37.29 | 39.55 | 45.20 | 50.85 | 65.37 | 60.79 |
| $m$ | 25 | 27 | 30 | | 35 | | 40 | | 45 |
| $a$ | | 8 | | | | 10 | | | |

| 螺纹规格 $d$ | M36 | M39 | M42 | M45 | M48 | M52 | M56×4 | M60×4 | M64×4 |
|---|---|---|---|---|---|---|---|---|---|
| $D$ | 37 | 40 | 43 | 46 | 49 | 53 | 57 | 61 | 65 |
| $D_0$ | | | | | M10 | | | | |
| $s$ | 60 | 65 | 70 | 75 | 80 | 85 | 90 | 95 | 100 |
| $e_{win}$ | 66.44 | 72.02 | 76.95 | 82.60 | 88.25 | 93.56 | 99.21 | 104.86 | 110.51 |
| $m$ | | 55 | | | 60 | | 70 | | 90 |
| $a$ | | | | | 15 | | | | |

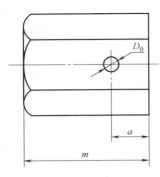
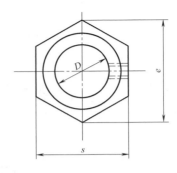

图 C-1　六角套的形式

（2）封板或锥头底厚及螺栓旋入球体长度见表 C-8。

封板或锥头底厚及螺栓旋入球体长度（mm）　　　　　表 C-8

| 螺纹规格 $d$ | M12 | M14 | M16 | M20 | M22 | M24 | M27 | M30 | M33 |
|---|---|---|---|---|---|---|---|---|---|
| 封板/锥头底厚 | 12 | | 14 | | 16 | | | 20 | |
| 旋入球体长度 | 13 | 15 | 18 | 22 | 24 | 26 | 30 | 33 | 36 |
| 螺纹规格 $d$ | M36 | M39 | M42 | M45 | M48 | M52 | M56×4 | M60×4 | M64×4 |
| 封板/锥头底厚 | 30 | | | 35 | | | 40 | | 45 |
| 旋入球体长度 | 40 | 43 | 46 | 50 | 53 | 57 | 62 | 66 | 70 |

# 参 考 文 献

[1] 中国标准设计研究院. 混凝土结构施工图平面整体表示方法制图规则和构造详图 [S]. 北京：中国计划出版社，2006.

[2] 李星荣. 钢结构连接节点设计手册 [M]（2版）. 北京：中国建筑工业出版社，2004.

[3] 赵熙元. 建筑钢结构设计手册 [M]. 北京：冶金工业出版社，1995.

[4] 中国标准设计研究院. 混凝土结构施工图平面整体表示方法制图规则和构造详图 [S]. 北京：中国计划出版社，2006.

[5] 中华人民共和国住房和城乡建设部. 建筑结构制图标准 GB/T 50105—2010 [S]. 北京：中国计划出版社，2010.